图书＋光盘＋手机
三合一
多媒体学习方式

Photoshop CC
实战 从入门到精通

龙马高新教育 编著

U0262309

超值版

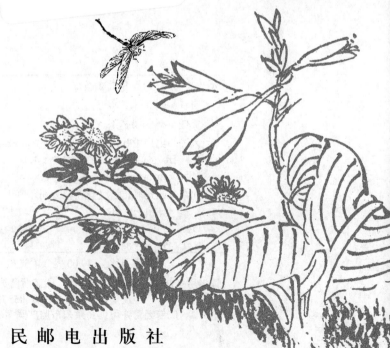

人民邮电出版社
北京

图书在版编目（ＣＩＰ）数据

Photoshop CC实战从入门到精通：超值版 / 龙马高
新教育编著. -- 北京：人民邮电出版社，2017.2（2023.1重印）
ISBN 978-7-115-34646-9

Ⅰ．①P… Ⅱ．①龙… Ⅲ．①图象处理软件 Ⅳ.
①TP391.413

中国版本图书馆CIP数据核字(2017)第007528号

内 容 提 要

本书通过精选案例引导读者深入学习，系统地介绍了 Photoshop CC 的相关知识和应用方法。

全书共 12 章。第 1 章主要介绍 Photoshop CC 的基础知识；第 2～5 章主要介绍 Photoshop CC 的基本操作，包括图像的基本操作、选区抠图实战、图像的绘制与修饰，以及图层及图层样式的应用等；第 6～9 章主要介绍 Photoshop CC 的高级应用方法，包括蒙版与通道的应用、矢量工具和路径、文字编辑与排版，以及滤镜的使用等；第 10～12 章主要介绍实战秘技，包括 Photoshop CC 在照片处理、艺术设计、淘宝美工中的应用等。

在本书附赠的 DVD 多媒体教学光盘中，包含了 12 小时与图书内容同步的教学录像及所有案例的配套素材和结果文件。此外，还赠送了大量相关学习内容的教学录像及扩展学习电子书等。

本书不仅适合 Photoshop CC 的初、中级用户学习使用，也可以作为各类院校相关专业学生和电脑培训班学员的教材或辅导用书。

◆ 编　著　龙马高新教育

责任编辑　张　翼

责任印制　杨林杰

◆ 人民邮电出版社出版发行　　北京市丰台区成寿寺路 11 号

邮编　100164　电子邮件　315@ptpress.com.cn

网址　http://www.ptpress.com.cn

北京九州迅驰传媒文化有限公司印刷

◆ 开本：787×1092　1/16

印张：20　　　　　　　　　　2017 年 2 月第 1 版

字数：492 千字　　　　　　　 2023 年 1 月北京第 19 次印刷

定价：49.00 元（附光盘）

读者服务热线：(010)81055410　印装质量热线：(010)81055316
反盗版热线：(010)81055315
广告经营许可证：京东市监广登字 20170147 号

Preface 前言

　　随着社会信息化的不断普及，计算机已经成为人们工作、学习和日常生活中不可或缺的工具，而计算机的操作水平也成为衡量一个人综合素质的重要标准之一。为满足广大读者的实际应用需要，我们针对不同学习对象的接受能力，总结了多位计算机高手、国家重点学科教授及计算机教育专家的经验，精心编写了这套"实战从入门到精通（超值版）"的系列图书。

一、系列图书主要内容

　　本套图书涉及读者在日常工作和学习中各个常见的计算机应用领域，在介绍软硬件的基础知识及具体操作时，均以读者经常使用的版本为主，在必要的地方也兼顾了其他版本，以满足不同读者的需求。本套图书主要包括以下品种。

《Windows 7实战从入门到精通（超值版）》	《Windows 8实战从入门到精通（超值版）》
《Photoshop CS5实战从入门到精通（超值版）》	《Photoshop CS6实战从入门到精通（超值版）》
《Photoshop CC实战从入门到精通（超值版）》	《Office 2003办公应用实战从入门到精通（超值版）》
《Excel 2003办公应用实战从入门到精通（超值版）》	《Word/Excel 2003办公应用实战从入门到精通（超值版）》
《跟我学电脑实战从入门到精通（超值版）》	《黑客攻击与防范实战从入门到精通（超值版）》
《笔记本电脑实战从入门到精通（超值版）》	《Word/Excel 2010办公应用实战从入门到精通（超值版）》
《电脑组装与维护实战从入门到精通（超值版）》	《Word 2010办公应用实战从入门到精通（超值版）》
《Excel 2010办公应用实战从入门到精通（超值版）》	《PowerPoint 2010办公应用实战从入门到精通（超值版）》
《Office 2010办公应用实战从入门到精通（超值版）》	《Word/Excel/PowerPoint 2007三合一办公应用实战从入门到精通（超值版）》
《Office 2016办公应用实战从入门到精通（超值版）》	《Word/Excel/PowerPoint 2003三合一办公应用实战从入门到精通（超值版）》
《电脑办公实战从入门到精通（超值版）》	《Word/Excel/PowerPoint 2010三合一办公应用实战从入门到精通（超值版）》
《Word/Excel/PPT 2016三合一办公应用实战从入门到精通（超值版）》	

二、写作特色

📄 从零开始，循序渐进

　　读者无论是否从事计算机相关行业的工作，是否接触过Photoshop CC，都能从本书中找到最佳的学习起点，循序渐进地完成学习过程。

📄 紧贴实际，案例教学

　　全书内容均以实例为主线，在此基础上适当扩展知识点，真正实现学以致用。

📄 紧凑排版，图文并茂

　　紧凑排版既美观大方又能够突出重点、难点。所有实例的每一步操作，均配有对应的插图和注释，以便读者在学习过程中能够直观、清晰地看到操作过程和效果，提高学习效率。

📄 单双混排，超大容量

　　本书采用单、双栏混排的形式，大大扩充了信息容量，在300多页的篇幅中容纳了传统图书600多页的内容，从而在有限的篇幅中为读者奉送了更多的知识和实战案例。

📄 独家秘技，扩展学习

　　本书在每章的最后，以"高手私房菜"的形式为读者提炼了各种高级操作技巧，而"举一反三"栏目更是为知识点的扩展应用提供了思路。

📄 书盘结合，互动教学

本书配套的多媒体教学光盘内容与书中知识紧密结合并互相补充。在多媒体光盘中，我们仿真工作、生活中的真实场景，通过互动教学帮助读者体验实际应用环境，从而全面理解知识点的运用方法。

三、光盘特点

◎ 12小时全程同步教学录像

光盘涵盖本书所有知识点的同步教学录像，详细讲解每个实战案例的操作过程及关键步骤，帮助读者更轻松地掌握书中所有的知识内容和操作技巧。

◎ 超多、超值资源

除了与图书内容同步的教学录像外，光盘中还赠送了大量相关学习内容的教学录像、经典案例效果图、扩展学习电子书及本书所有案例的配套素材和结果文件等，以方便读者扩展学习。

四、配套光盘运行方法

（1）将光盘放入光驱中，几秒钟后系统会弹出【自动播放】对话框。

（2）单击【打开文件夹以查看文件】链接以打开光盘文件夹，用鼠标右键单击光盘文件夹中的MyBook.exe文件，并在弹出的快捷菜单中选择【以管理员身份运行】菜单项，打开【用户账户控制】对话框，单击【是】按钮，光盘即可自动播放。

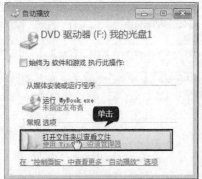

（3）光盘运行后会首先播放片头动画，之后进入光盘的主界面。其中包括【课堂再现】、【龙马高新教育APP下载】、【支持网站】3个学习通道和【素材文件】、【结果文件】、【赠送资源】、【帮助文件】、【退出光盘】5个功能按钮。

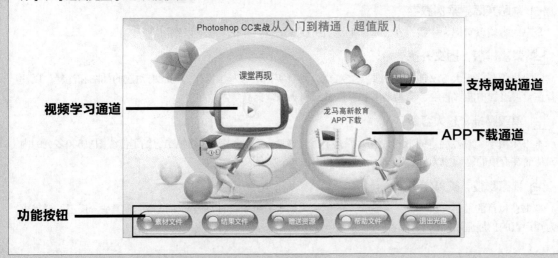

【4】 单击【课堂再现】按钮，进入多媒体同步教学录像界面。在左侧的章号按钮上单击鼠标左键，在弹出的快捷菜单上单击要播放的节名，即可开始播放相应的教学录像。

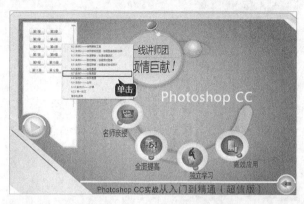

【5】 单击【龙马高新教育APP下载】按钮，在打开的文件夹中包含有龙马高新教育APP的安装程序，可以使用360手机助手、应用宝等将程序安装到手机中，也可以将安装程序传输到手机中进行安装。

【6】 单击【支持网站】按钮，用户可以访问龙马高新教育的支持网站，在网站中进行交流学习。

【7】 单击【素材文件】、【结果文件】、【赠送资源】按钮，可以查看对应的文件和学习资源。

【8】 单击【帮助文件】按钮，可以打开"光盘使用说明.pdf"文档，该说明文档详细介绍了光盘在电脑上的运行环境和运行方法。

五、龙马高新教育 APP 使用说明

【1】 下载、安装并打开龙马高新教育APP，可以直接使用手机号码注册并登录。在【个人信息】界面，用户可以订阅图书类型、查看问题及添加的收藏、与好友交流、管理离线缓存、反馈意见并更新应用等。

【2】 在首页界面单击顶部的【全部图书】按钮，在弹出的下拉列表中可查看订阅的图书类型，在上方搜索框中可以搜索图书。

　　(3) 进入图书详细页面，单击要学习的内容即可播放视频。此外，还可以发表评论、收藏图书并离线下载视频文件等。

　　(4) 首页底部包含4个栏目：在【图书】栏目中可以显示并选择图书，在【问同学】栏目中可以与同学讨论问题，在【问专家】栏目中可以向专家咨询，在【晒作品】栏目中可以分享自己的作品。

六、创作团队

　　本书由龙马高新教育策划，孔长征任主编，李震、赵源源任副主编。参与本书编写、资料整理、多媒体开发及程序调试的人员有孔万里、周奎奎、张任、张田田、尚梦娟、李彩红、尹宗都、王果、陈小杰、左琨、邓艳丽、崔姝怡、侯蕾、左花苹、刘锦源、普宁、王常吉、师鸣若、钟宏伟、陈川、刘子威、徐永俊、朱涛和张允等。

　　在本书的编写过程中，我们竭尽所能地将最好的内容呈现给读者，但也难免有疏漏和不妥之处，敬请广大读者不吝指正。读者在学习过程中有任何疑问或建议，可发送电子邮件至zhangyi@ptpress.com.cn。

编者

目录 Contents

第1章 Photoshop CC 快速入门

 本章视频教学时间：49分钟

Photoshop CC是图形图像处理的专业软件，是优秀设计师的必备工具之一。Photoshop不仅为图形图像设计提供了一个更加广阔的发展空间，而且在图像处理中还有化腐朽为神奇的功能。

第2章 图像的基本操作

 本章视频教学时间：45分钟

要绘制或处理图像，首先要新建、导入或打开图像文件，处理完成之后，再进行保存，这是最基本的流程。本章主要介绍Photoshop CC中文件的基本操作。

 高手私房菜 **067**

第3章 选区抠图实战

 本章视频教学时间：46分钟

在Photoshop中不论是绘图还是图像处理，图像的选取都是这些操作的基础。本章将针对Photoshop中常用的工具进行详细地讲解。

第 4 章 图像的绘制与修饰

📽 本章视频教学时间：1小时1分钟

在Ptotoshop CC中不仅可以直接绘制各种图形，还可以通过处理各种位图或矢量图制作出各种图像效果。本章的内容比较简单易懂，读者可以按照实例步骤进行操作，也可以导入自己喜欢的图片进行编辑处理。

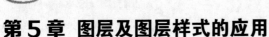

第5章 图层及图层样式的应用

 本章视频教学时间：50分钟

图层功能是Photoshop处理图像的基本功能，也是Photoshop中很重要的一部分。图层就像玻璃纸，每张玻璃纸上有一部分图像，将这些玻璃纸重叠起来，就是一幅完整的图像，而修改一张玻璃纸上的图像不会影响到其他图像。本章将介绍图层的基本操作和应用。

第6章 蒙版与通道的应用

本章视频教学时间：30分钟

本章讲解【通道】面板、通道的类型、编辑通道和通道的计算。首先讲解一个特殊的图层——蒙版。在Photoshop中有一些具有特殊功能的图层，使用这些图层可以在不改变图层中原有图像的基础上制作出多种特殊的效果。

高手私房菜 **186**

第7章 矢量工具和路径

 本章视频教学时间：55分钟

在本章中主要介绍了如何使用路径面板和矢量工具，并以简单实例进行了详细演示。学习本章时应多多尝试在实例操作中的应用，这样可以加强学习效果。

高手私房菜 **211**

第8章 文字编辑与排版

 本章视频教学时间：52分钟

文字是平面设计的重要组成部分，它不仅可以传达信息，还能起到美化版面、强化主题的作用。Photoshop提供了多个用于创建文字的工具，文字的编辑和修改方法也非常灵活。

第9章 滤镜的使用

 本章视频教学时间：37分钟

在Photoshop CC中，有传统滤镜和一些新滤镜，每一种滤镜又提供了多种细分的滤镜效果，为用户处理位图提供了极大的方便。本章的内容丰富有趣，可以按照实例步骤进行制作，建议打开光盘提供的素材文件进行对照学习，提高学习效率。

第 10 章 Photoshop CC 在照片处理中的应用

 本章视频教学时间：51分钟

我们拍摄的照片可以通过Photoshop进行各种处理和修饰。结合Photoshop强大的功能，再普通的相机，也可以打造绚丽的风景。

第11章 Photoshop CC 在艺术设计中的应用

🎬 本章视频教学时间：48分钟

本章就来学习使用Photoshop CC解决我们身边所遇到的问题。如房地产广告设计、海报设计和包装设计等。

第 12 章 Photoshop CC 在淘宝美工中的应用

 本章视频教学时间：42分钟

使用Photoshop CC不仅可以处理图片，还可以进行淘宝美工设计，本章主要介绍淘宝美工设计的具体案例。

 高手私房菜 **320**

 ## DVD 光盘赠送资源

1. 5小时Photoshop经典创意设计案例教学录像

2. 500个经典Photoshop设计案例效果图

3. Photoshop CC常用技巧查询手册

4. Photoshop CC常用快捷键查询手册

5. 颜色代码查询表

6. Photoshop CC网页设计与自动处理电子书及教学录像

7. 13小时Dreamweaver CC教学录像

8. 5小时Flash CC教学录像

9. 300页精选会声会影软件应用电子书

10. 教学用PPT课件

第1章

Photoshop CC 快速入门

 本章视频教学时间：49 分钟

Photoshop CC 是图形图像处理的专业软件，是优秀设计师的必备工具之一。Photoshop 不仅为图形图像设计提供了一个更加广阔的发展空间，而且在图像处理中还有化腐朽为神奇的功能。

【学习目标】

通过本章了解 Photoshop CC 软件的基本功能和界面，掌握基本的操作方法。

【本章涉及知识点】

- 安装 Photoshop CC
- 启动与退出 Photoshop CC
- 认识 Photoshop CC 的工作界面
- 图像的基础知识

1.1 了解Photoshop的大神通

本节视频教学时间：6分钟

Photoshop作为专业的图形图像处理软件，是许多从事平面设计工作人员的必备工具。它被广泛地应用于广告公司、制版公司、输出中心、印刷厂、图形图像处理公司、婚纱影楼以及网页设计类的公司等。

1. 平面设计

Photoshop应用最为广泛的领域是在平面设计上；在日常生活之中，走在大街上随意看到的招牌、海报、招贴、宣传单等，这些具有丰富图像的平面印刷品，大多都需要使用Photoshop软件对图像进行处理。例如下图的冰箱广告设计，通过Photoshop CC将冰箱产品主体和F1赛车结合，使其更好地体现出产品的强烈冷冻效果。

2. 界面设计

界面设计作为一个新兴的设计领域，在还未成为一种全新的职业的情况下，受到许多软件企业及开发者的重视；对于界面设计来说，并没有一个专用于界面设计制作的专业软件，因为，绝大多数设计者都使用Photoshop来进行设计。

3. 插画设计

插图（画）是运用图案表现的形象，本着审美与实用相统一的原则，尽量使线条，形态清晰明快，制作方便。插图是世界都能通用的语言，在商业应用上很多都是使用Photoshop来进行设计。

4. 网页设计

网络的普及是促使更多人需要掌握Photoshop的一个重要原因。因为在制作网页时Photoshop是必不可少的网页图像处理软件。

5. 绘画与数码艺术

基于Photoshop的良好绘画与调色功能，可以通过手绘草图，然后利用Photoshop进行填色的方法来绘制插画；也可通过在Photoshop中运用Layer（图层）功能，直接在Photoshop中进行绘画与填色；可以从中绘制各种效果，如插画、国画等，其表现手法也各式各样，如水彩风格、马克笔风格、素描等。

6. 数码摄影后期处理

Photoshop具有强大的图像修饰功能。利用这些功能，可以调整影调、调整色调、校正偏色、替换颜色、溶图、快速修复破损的老照片、合成全景照片、后期模拟特技拍摄、上色等，也可以修复人脸上的斑点等缺陷。

7. 动画设计

动画设计师可以采用手绘，用扫描仪进行数码化，然后采用Photoshop软件进行处理，也可以直接在Photoshop软件中进行动画设计制作。

8. 文字特效

通过Photoshop对文字的处理，文字就不再是普普通通的文字，在Photoshop的强大功能面前，可以使得文字发生各种各样的变化，并利用这些特效处理后的文字为图像增加效果。

9. 服装设计

最常见的是在各大影楼里使用Photoshop对婚纱的设计处理，而且在服装行业上，Photoshop也充当着一个不可缺或的角色。服装的设计，服装设计效果图等诸如此类的处理，都体现了Photoshop在服装行业上的重要性。

10. 建筑效果图后期修饰

在制作建筑效果图包括许多三维场景时，人物与配景包括场景的颜色常常需要在Photoshop中增加并调整。

11. 绘制或处理三维帖图

在三维软件制作模型中，如果模型的贴图的色调、规格或其他因素不适合，可通过Photoshop对贴图进行调整。还可以利用Photoshop制作在三维软件中无法得到的合适的材质。

12. 图标制作

Photoshop除了能应用于各大行业之外，还可以适用于制作小小的图标；而且，使Photoshop制作出来的图标还非常的精美。

1.2 Photoshop学前注意

本节视频教学时间：5分钟

1. 设计师的知识结构

设计的学习可能有很多不同的路，因为这是有设计的多元化知识结构决定的，不管读者以前是做什么的，不管你曾经做过什么，在进入设计领域之后，你以前的阅历都将影响你，你都将面临挑战与被淘汰的可能，正如，想要造就伟大永远不可能是依靠人们的主观愿望所能达到的一样……

设计多元化的知识结构必将要求设计人员具有多元化的知识及信息获取方式。

（1）从点、线、面的认识开始，学习掌握平面构成、色彩构成、立体构成、透视学等基础。我们需要具备客观的视觉经验，建立理性思维基础，掌握视觉的生理学规律，了解设计元素这一概念。

（2）你会画草图吗？1998澳大利亚工业设计顾问委员会调查结果，设计专业毕业生应具备的10项技能第一位就是："应有优秀的草图和徒手作画的能力，作为设计者应具备快而不拘谨的视觉图形表达能力，绘画艺术是设计的源泉，设计草图是思想的纸面形式，我们有理由相信，绘画是平面设计的基础！"

（3）你还缺少什么？缺少对传统课程的学习，如陶艺、版画、水彩、油画、摄影、书法、国画、黑白画等，太多太多，你还是问问自己吧！不管如何，这些课程将在不同层次上加强了你设计的动手能力、表现能力和审美能力，它们最关键的是让你明白什么是艺术，更重要的是你发现了自己的个性，但这也是一个长期的过程。

（4）我可以开始设计了吗？当然不行，你要设计什么？正如你要开始玩游戏了，你了解游戏规则吗？不过你不用担心，你已经进入了专业自身的学习，同时也意味着你才刚刚开始，你将以不折不挠，不浮躁、不抱怨、务实的、实事求是的态度步入这一领域。我们以标志设计为例，我们需要具备什么样的背景知识、标志的意义，标志的起源、标志的特点、标志的设计原则、标志的艺术规律、标志的表现形式、标志的构成的手法，我们需要理解为什么？为什么可口可乐会红遍全球；为什么我们渴望穿Lee牌牛仔裤？作为一名设计师，你对我们周围的视觉环境满意吗？问问自己，你的设计理想是什么？

（5）你能辨别设计的好坏，知道为什么吗？上一步通过对设计基础知识的学习，不知不觉你已经进入了设计的模仿阶段，为了向前我们必须回顾历史，既而从理论书籍的学习转变为向前辈及优秀设计师学习。这个阶段伴随着一个比较长期的过程，你的设计水平可能会很不稳定，你有时困惑、有时欣喜，伴随着大量的实践以及对设计整个运转流程逐渐掌握，开始向成熟设计师迈进。你需要学会规则，再打破规则。

2. 平面视觉的科学

视觉会给人带来一连串的生理上的、心理上的、情感上的、行动上的反应，设计是视觉经验的科学，他包括两个方面，一个是不以人为而改变的即生理感受的人的基本反应，另一个是随即的或不确定因素构成。如个人喜好，性格等。

（1）相对稳定的方面：主要是生理上的视知觉，人们的一些视觉习惯、视觉流程、视觉逻辑，如从上到下，从左到右，喜欢连贯的、重复，喜欢有对比的，还有在颜色方面人们最喜欢的其实是有对比的互补色等。这都是跟人们的生理上的习惯有关，都是人生理机能的本能反应。作为设计师应该对这些知识能充分了解、灵活运用，设计是对人本的关注，首先应对文化与人的感知方式这些相对稳定的方面进行研究，并且需要我们在实践中去总结。

（2）不稳定的方面：不稳定的方面主要是指情感、素质、品位、阅历上的不同，在设计过程中你需要具备一定的判断和把握能力，你需要客观和克制，才能完成卓越的设计。

（3）设计思维的科学：设计是必须具有科学的思维方法，能在相同中找到差别，能在不同当中找到共同之处，能掌握运用各种思维方法，如纵向关联思维和横向关联思维以及发散式的思维，善于运用科学的思维方式找到奇特的新的视觉形象，才能不断发现新的可能。

平面视觉的科学其实是一个很大很深的学问，只有在这门学问的健全和深入的推广下，才能保证设计水平的普遍提高。在这里只是抛砖引玉式的提出这一观点，还需要日后结合其他学科的研究成果进行系统的整理和论述。

1.3 初识Photoshop CC

本节视频教学时间：6分钟

Photoshop CC是由Adobe打造的一款专业图像处理软件，无论是个人还是设计人员在进行图像处理的时候都会用到Photoshop，新版本的Photoshop CC可以完美兼容windows 10操作系统，同时还新增了大量的功能，让你处理起图像来更加得心应手。

1.3.1 Photoshop CC与其他版本的区别

相对以前的其他版本，Photoshop CC为设计人员和数码摄影师推出了一些令人兴奋的新功能。

1. 人脸识别液化

【液化】滤镜现在具备高级人脸识别功能，能够自动识别眼睛、鼻子、嘴唇和其他面部特征，这更便于用户进行调整。【人脸识别液化】能够有效地修饰肖像照片、制作漫画，并进行更多操作。

用户可以使用【人脸识别液化】作为智能滤镜，进行非破坏性编辑。选择【滤镜】➤【液化】，然后在【液化】对话框中选择脸部 () 工具。

2. 【选择并遮住】工作区

现在，在 Photoshop 中创建准确的选区和蒙版比以往任何时候都更快捷、更简单。一个新的专用工作区现在能够帮助用户创建精准的选区和蒙版。使用调整边缘画笔等工具可清晰地分离前景和背景元素，并进行更多操作。

要调用工作区，请在选区工具处于启用状态时，单击选项栏中的【选择并遮住】。或者，按【Ctrl+Alt+R】组合键。

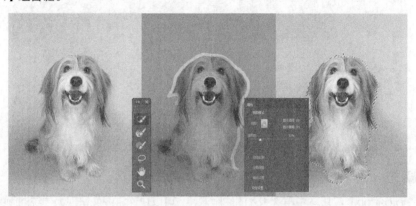

3. 匹配字体

用户不用再靠猜测来辨别字体，请让 Photoshop CC 为用户解决这个难题。借助神奇的智能图像分析，只需使用一张拉丁文字体的图像，Photoshop CC 就可以利用机器学习技术来检测字体，并将其与用户计算机或 Typekit 中经过授权的字体相匹配，进而推荐相似的字体。

只需选择其文本中包含您要分析的字体的图像区域。现在，请选择【文字】▶【匹配字体】菜单命令即可。

4. 画布上的替代字形

当用户在【文字】图层选择字形后，Photoshop 现在会直接在画布上显示可用的替代字形。单击替代字窗格中的 ▶ 图标可打开【字形】面板。

如果需要，用户可以关闭此行为。要执行此操作，请取消选择【首选项】▶【文字】▶【启用文字图层替代字形】菜单命令即可。

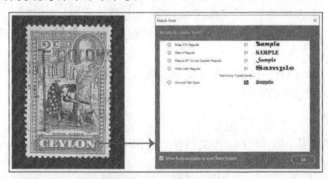

5. 将颜色配置文件嵌入导出的资源

可使用【导出为】对话框，将颜色配置文件嵌入 PNG 或 JPG 文件。选择【文件】▶【导出】▶【导出为】，或右键单击【图层】面板中的图层，然后选择【导出为】。

6. 油画滤镜

通过此 Photoshop CC 版本中再次引入的油画滤镜，可以快速将图像呈现为传统油画的视觉外观。选择【滤镜】▶【风格化】▶【油画】菜单命令。

7. 画板

如果您是一名 Web 或 UX 设计人员，会日益发现自己需要设计适合多种设备的网站或应用程序。在 Photoshop CC 版中新增的画板为用户提供了一个无限画布，用户可以在此画布上布置适合不同设备和屏幕的设计，这有助于简化用户的设计流程。创建画板时，用户可以从各种不同的预设大小中选择，或定义用户自己的自定义画板大小。

即使你通常只针对一种屏幕大小进行设计，画板也非常有用。例如，在设计网站时，用户可以结合具体情况使用画板并排查看针对不同页面的设计。

8. 导出画板、图层以及更多内容

用户现在可以将画板、图层、图层组和 Photoshop 文档导出为 JPEG、GIF、PNG、PNG-8 或 SVG 图像资源。

在【图层】面板中选择画板、图层和图层组。右键单击选定内容，然后从上下文菜单中选择以下选项之一：

（1）快速导出为 [图像格式]

（2）导出为...

要导出当前的 Photoshop 文档或其中的所有画板，请选择【文件】▶【导出为 [图像格式]】或【文件】▶【导出】▶【导出为...】菜单命令。

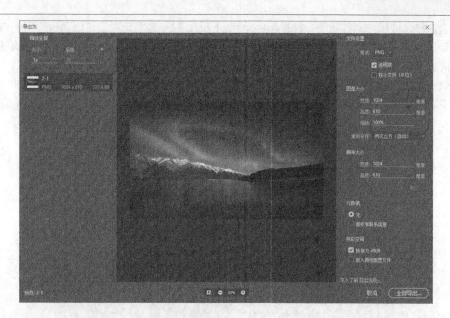

9. 设备预览和Preview CC 伴侣应用程序

通过 Photoshop 中新增的设备预览功能及 Adobe Preview CC 移动应用程序，获取用户的 Photoshop 设计在多个 iOS 设备上的实时预览。用户在 Photoshop CC 中进行的更改会实时地显示在 Preview CC 中。用户可以通过 USB 或 Wi-Fi，将多个 iOS 设备可靠地连接到 Photoshop。

如果用户的文档有多个画板，【设备预览】会将画板的大小和位置与连接设备的大小匹配，以尝试显示正确的画板。用户也可以在设备上使用导航栏预览特定的画板，或者滑动屏幕查看宽度匹配的画板。

Preview CC 支持运行 iOS 8 或更高版本的 iOS 设备。

1.3.2 Photoshop与其他图片处理软件的区别

图片处理软件是对数字图片进行修复、合成、美化等各种处理的软件的总称。目前图像处理软件除了Adobe Photoshop CC以外，还有很多其他的软件，例如美图秀秀、iSee图片专家和光影魔术手等。这类软件一般操作比较简单快捷，压缩裁剪图片等常用的处理操作难度极低且快速；滤镜丰富，直接点击套用，任何人都能轻松上手；专门有针对人像的处理，磨皮美白去红眼等效果都备好了。

而Adobe Photoshop CC是更加专业的图像处理软件，功能强大无比，Photoshop CC中有图层，保存成原文本，便于修改；它能体现很多技术性问题，在图片创新上有很大的空间。像广告公司

做平面广告宣传，或婚纱摄影修图等都是用Photoshop，对于专业用户，可以通过自己的专业技能实现各种复杂的效果，当然其实现的过程也是相当不易的。对于非专业用户，能够使用到的就只是软件最基本功能，当然能达到的效果也是极其简单的。

　　Adobe Photoshop CC是电影、视频和多媒体领域的专业人士，使用3D和动画的图形和Web设计人员，以及工程和科学领域的专业人士的理想选择。

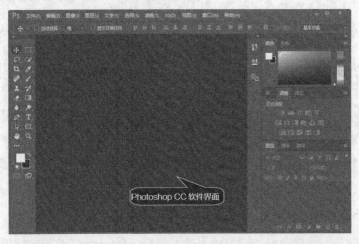

Photoshop CC 软件界面

1.4 实例1——安装Photoshop CC

 本节视频教学时间：4分钟

　　在学习Photoshop CC之前首先要安装Photoshop CC软件。下面介绍在Windows 10系统中安装Photoshop CC方法。

小提示

最新版的 Photoshop CC 只支持 Windows 7 及以上系统，不支持 Windows XP 系统。

1.4.1 安装Photoshop CC的硬件要求

　　在Windows系统中运行Photoshop CC的配置要求如下。

CPU	Intel Pentium 4 或 AMD Athlon 64 处理器 (2GHz 或更快)
内存	2GB 内存（推荐 8GB 或更大的内存）
硬盘	安装所需的 2.5GB 可用硬盘空间，安装过程中需要更多的可用空间（无法在基于闪存的存储设备上安装）
操作系统	Microsoft Windows 7 Service Pack 1 或 Windows 8
显示器	1024×768 的显示器分辨率（推荐 1280×800），具 OpenGL 2.0、16 位色彩和 512MB 的 VRAM（建议使用 1GB）
驱动器	DVD–ROM 驱动器

　　在MAC OS系统中运行Photoshop CC的配置要求如下。

CPU	多核心 INTEL 处理器，支持 64 位
内存	2GB 内存（推荐 8GB 或更大的内存）
硬盘	安装所需的 3.2GB 可用硬盘空间，安装过程中需要更多的可用空间（无法在基于闪存的存储设备上安装）
操作系统	Mac OS X v10.7, v10.8, v10.9, or v10.10
显示器	1024×768 的显示器分辨率（推荐 1280×800），具 OpenGL 2.0、16 位色彩和 512MB 的 VRAM（建议使用 1GB）
驱动器	DVD–ROM 驱动器

1.4.2 获取Photoshop CC安装包

　　Adobe Photoshop CC为Adobe Photoshop Creative Cloud简写。对用户来说，CC版软件将带来一种新的【云端】工作方式。首先，所有CC软件取消了传统的购买单个序列号的授权方式，改为在线订阅制。用户可以按月或按年付费订阅，可以订阅单个软件，也可以订阅全套产品。

　　用户到Adobe官网的下载页面就可以购买Adobe Photoshop CC软件或者使用Adobe Photoshop CC软件。

1.4.3 安装Photoshop CC

　　Photoshop CC是专业的设计软件，其安装方法比较简单，具体的安装步骤如下。

1 登陆ID	**2** 进入使用条款
打开安装文件所在的文件夹，双击安装文件图标 Set-up，弹出【Adobe安装程序】对话框。进入【需要登录】界面，需要登录用户的Adobe ID，如果用户没有，需要注册一个。 	单击【登录】按钮，进入【Adobe ID使用条款】界面，勾选【我已阅读并同意使用条款和隐私策略】复选框。 

3 进入安装界面

单击【继续】按钮，进入【安装】进度界面。

安装完成后Photoshop CC自动退出安装界面。

1.4.4 卸载Photoshop CC

卸载Photoshop CC的步骤如下。

1 选择【设置】命令

选择【开始】▶【设置】菜单命令。

2 单击【系统】按钮

单击【系统】按钮。

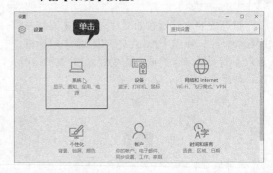

3 选择【应用和功能】

选择【应用和功能】选项。

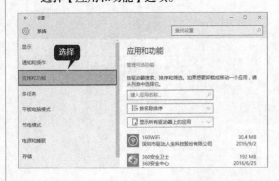

4 根据步骤卸载软件

选择Photoshop CC软件后，在弹出的选择项中单击【卸载】按钮，然后根据步骤卸载Photoshop CC软件即可。

1.5 实例2——启动与退出Photoshop CC

本节视频教学时间：3分钟

安装好软件后，第一步需要掌握正确启动与退出的方法。Photoshop CC软件的启动方法与其他的软件类似，用户可以选择【开始】▶【所有程序】菜单命令，在弹出的菜单中单击相应的软件即可。如果需要关闭软件，用户只需单击Photoshop CC窗口标题栏右侧的　×　按钮即可。

1.5.1 启动Photoshop CC

下面来介绍启动Photoshop CC的3种方法。

（1）【开始】菜单按钮方式。

用户选择【开始】▶【所有应用】▶【Photoshop CC】菜单命令，即可启动Photoshop CC软件。

（2）桌面快捷方式图标方式。

用户在安装Photoshop CC时，安装向导会自动地在桌面上生成一个Photoshop CC的快捷方式图标；用户可以双击桌面上的Photoshop CC快捷方式图标，即可启动Photoshop CC软件。

（3）Windows资源管理器方式

用户也可以在Windows资源管理器中双击Photoshop CC的文档文件来启动Photoshop CC软件。

1.5.2 退出Photoshop CC

用户如果需要退出Photoshop CC软件，可以采用以下4种方法。

1. 通过【文件】菜单

用户可以通过选择Photoshop CC菜单栏中的【文件】▶【退出】菜单命令来退出Photoshop CC程序。

2. 通过标题栏

（1）单击Photoshop CC标题栏左侧的图标 Ps 。

（2）在弹出的下拉菜单中选择【关闭】菜单命令即可退出Photoshop CC程序。

3. 通过【关闭】按钮

（1）用户只需要单击Photoshop CC界面右上角的【关闭】按钮　×　即可退出Photoshop CC。

（2）此时若用户的文件没有保存，程序会弹出一个对话框提示用户是否需要保存文件；若用户的文件已经保存过，程序则会直接关闭。

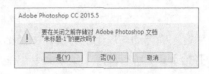

4. 通过快捷键

用户只需要按【Alt+F4】组合键即可退出Photoshop CC。

1.6 实例3——认识Photoshop CC的工作界面

本节视频教学时间：10分钟

随着版本的不断升级，Photoshop的工作界面的布局设计也更加合理和人性化，便于操作和理解，同时也易于被人们接受。

1.6.1 工作界面概览

启动Photoshop CC软件后，可以看到Photoshop CC工作界面主要由标题栏、菜单栏、工具箱、任务栏、面板和工作区等几个部分组成。

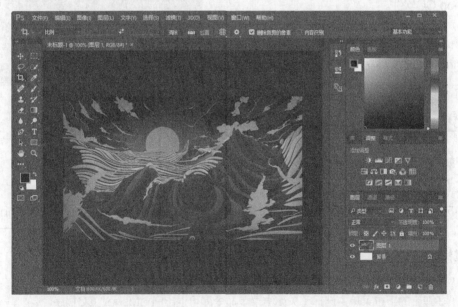

1.6.2 菜单栏

Photoshop CC的菜单栏中包含11组主菜单，分别是文件、编辑、图像、图层、文字、选择、滤镜、3D、视图、窗口和帮助。每个菜单内都包含一系列的命令，这些命令按照不同的功能采用分割线进行分离。

文件(F)　编辑(E)　图像(I)　图层(L)　文字(Y)　选择(S)　滤镜(T)　3D(D)　视图(V)　窗口(W)　帮助(H)

菜单栏中包含可以执行任务的各种命令，单击菜单名称即可打开相应的菜单。

1.6.3 工具箱

工具箱中集合了图像处理过程中使用最频繁的工具，是Photoshop CC中文版中比较重要的功能。执行【窗口】▶【工具】菜单命令可以隐藏和打开工具箱；默认情况下，工具箱在屏幕的左侧。用户可通过拖移工具箱的标题栏来移动它。

工具箱中的某些工具具有出现在上下文相关工具选项栏中的选项。通过这些工具，可以进行文字、选择、绘画、绘制、取样、编辑、移动、注释和查看图像等操作。通过工具箱中的工具，还可以更改前景色/背景色以及在不同的模式下工作。

单击工具箱上方的双箭头 可以双排显示工具箱；再点击一次 按钮，恢复工具箱单行显示。

将鼠标指针放在任何工具上，用户可以查看有关该工具的名称及其对应的快捷键。

工具箱如右图所示。

1.6.4 工具选项栏

在选择某项工具后，在工具选项栏中会出现相应的工具选项，在工具选项栏中可对工具参数进行相应设置。选中【移动工具】 时的选项栏如下图所示。

选项栏中的一些设置（例如绘画模式和不透明度）对于许多工具都是通用的，但是有些设置则专用于某个工具（如用于铅笔工具的【自动抹掉】设置）。

1.6.5 面板

控制面板是Photoshop CC中进行颜色选择、编辑图层、编辑路径、编辑通道和撤销编辑等操作的主要功能面板，是工作界面的一个重要组成部分。

1. Photoshop CC面板的基本认识

执行Photoshop CC【窗口】▶【工作区】▶【基本功能(默认)】命令，Photoshop CC的面板状态如图所示。

单击Photoshop CC右方的折叠为图标按钮 ，可以折叠面板；再次单击折叠为图标按钮可恢复控制面板。

执行Photoshop CC【窗口】▶【工作区】▶【绘画】命令后的面板状态，选择【画笔工具】 即可激活【画笔】面板。

2. Photoshop CC控制面板操作

执行Photoshop CC 【窗口】▶【图层】菜单命令，可以打开或隐藏面板。

将光标放在面板位置，拖动鼠标可以移动面板；将光标放在【图层】面板名称上拖动鼠标，可以将图层面板移出所在面板，也可以将其拖曳至其他面板中。

拖动面板下方的按钮可以调整面板的大小。当鼠标指针变成双箭头时拖动鼠标，可调整面板大小。

单击面板右上角的关闭按钮，可以关闭面板。

小提示

按快捷键【F5】可以打开【画笔】面板，按快捷键【F6】可以打开【颜色】面板，按快捷键【F7】可以打开【图层】面板，按快捷键【F8】可以打开【信息】面板，按快捷键【Alt+F9】可以打开【动作】面板。

1.6.6 状态栏

Photoshop CC中文版状态栏位于文档窗口底部，状态栏可以显示文档窗口的缩放比例、文档大小、当前使用工具等信息。

66.67% 文档:2.25M/3.37M

单击状态栏上的黑色右三角可以弹出一个菜单。

（1）在Photoshop CC状态栏单击【缩放比例】文本框，在文本框中输入缩放比例，按回车键【Enter】确认，可按输入比例缩放文档中的图像。

100% 文档:658.1K/0 字节

（2）如果在状态栏上按住鼠标左键不放，则可显示图像的宽度、高度、通道、分辨率等信息。

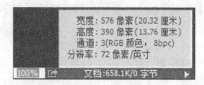

（3）按住键盘【Ctrl】键同时按住鼠标左键单击状态栏，可以显示图像的拼贴宽度、拼贴高度、图像宽度、图像高度等信息。

（4）单击Photoshop CC状态栏中的 按钮，可在打开的菜单中选择状态栏显示内容。

【Adobe Drive】：显示文档的Version Cue工作组状态，Version Cue使用户能连接到服务器，连接后，可以在Windows资源管理器或Mac OS Finder中查看服务器的项目文件。

【文档大小】：显示有关图像中的数据量信息。选择该选项后，状态栏中会出现两组数字，如图所示，左边的数字显示了拼合图层并储存文件后的大小，右边的数字显示了包含图层和通道的近似大小。

文档:2.82M/2.82M

【文档配置文件】：显示了图像所使用的颜色配置文件的名称。

未标记的 RGB (8bpc)

【文档尺寸】：显示图像的尺寸。

26.46 厘米 x 46.39 厘米 (72 p... ▶

【测量比例】：显示文档的比例。

1 像素 = 1.0000 像素 ▶

【暂存盘大小】：显示有关处理图像的内存和Photoshop CC暂存盘信息，选择该选项后，状态栏会出现两组数字，左边的数字表示程序用来显示所有打开的图像的内存量，右边的数字表示可用于处理图像的总内存量，如果左边的数字大于右边的数字，Photoshop CC将启用暂存盘作为虚拟内存来使用。

暂存盘: 133.1M/4.15G ▶

【效率】：显示执行操作实际花费时间的百分比，当效率为100%时，表示当前处理的图像在内存中生成；如果低于该值，则表示Photoshop CC正在使用暂存盘，操作速度会变慢。

效率: 100%* ▶

【计时】显示完成上一次操作所用的时间。

1.8 秒

【当前工具】：显示当前使用的工具名称。

移动 ▶

【32位曝光】：用于调整预览图像，以便在电脑显示器上查看32位/通道高动态范围（HDR）图像的选项，只有文档窗口中显示HDR图像时，该选项才可用。

【存储进度】：保存文件时，显示存储进度。

1.7 实例4——会使用快捷键才是高手

本节视频教学时间：1分钟

灵活使用Photoshop CC软件快捷键是学好该软件的基础，所以熟记一些快捷键对于广大Photoshop CC技术爱好者是有非常重要的作用的。

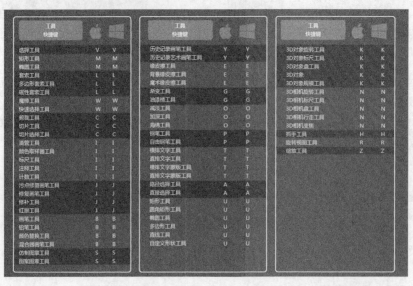

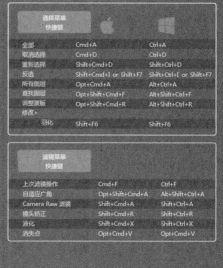

1.8 实例5——图像的基础知识

本节视频教学时间：6分钟

下面学习图像的基础知识，包括图像的分类、位图与矢量图的区别和彩色模式等。

1.8.1 图像的分类

电脑图像的基本类型是数字图像，它是以数字方式记录处理和保存的图像文件。根据图像生成方式的不同，可以将图像划分为位图和矢量图两种类型。Photoshop CC是典型的位图图像处理软件，但它也包含一部分矢量功能，可以创建矢量图形和路径，了解两类图像间的差异对于创建、编辑和导入图片是非常有帮助的。

1.8.2 位图与矢量图的区别

位图也被称为像素图或点阵图，它由网格上的点组成，这些点称为像素。当位图放大到一定程度时，可以看到位图是由一个个小方格组成的，这些小方格就是像素。像素是位图图像中最小的组成元素，位图的大小和质量由像素的多少决定，像素越多，图像越清晰，颜色之间的过渡也越平滑。位图图像的主要优点是表现力强、层次多、细腻、细节丰富，可以十分逼真地模拟出像照片一样的真实效果。位图图像可以通过扫描仪和数码相机获得，也可通过如Photoshop 和Corel PHOTO-PAINT 等软件生成。

在屏幕上缩放位图图像时，它们可能会丢失细节，因为位图图像与分辨率有关，它们包含固定数量的像素，并且为每个像素分配了特定的位置和颜色值。 如果在打印位图图像时采用的分辨率过低，位图图像可能会呈锯齿状，因为此时增加了每个像素的大小。

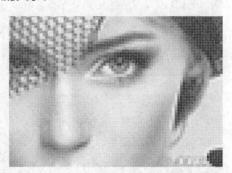

矢量图是用一系列计算机指令来描述和记录图像的，它由点、线、面等元素组成，记录的是对象的几何形状、线条粗细和色彩属性等。矢量图的主要优点是不受分辨率影响，任何尺寸的缩放都不会改变其清晰度和光滑度。矢量图只能通过CorelDRAW或Illustrator 等软件生成。

矢量图形与分辨率无关，也就是说，可以将它们缩放到任意尺寸，可以按任意分辨率打印，而不会丢失细节或降低清晰度。 因此，矢量图形最适合表现醒目的图形。

1.8.3 彩色模式：RGB和CMYK

1. RGB颜色模式

Photoshop 的RGB颜色模式使用RGB模型，对于彩色图像中的每个RGB（红色、绿色、蓝色）分量，为每个像素指定一个 0（黑色）到 255（白色）之间的强度值。例如亮红色可能 R 值为 246，G 值为 20，而 B 值为 50。

不同的图像中RGB各个成分也不尽相同，可能有的图中R（红色）成分多一些，有的B（蓝色）成分多一些。在电脑中显示时，RGB的多少是指亮度，并用整数来表示。通常情况下RGB的3个分量各有256级亮度，用数字0、1、2……255表示。注意：虽然数字最高是255，但0也是数值之一，因此共有256级。当这3个分量的值相等时，结果是灰色。

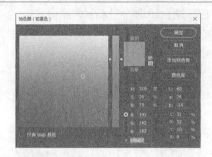

当所有分量的值均为255时，结果是纯白色。

当所有分量的值都为0时，结果是纯黑色。

 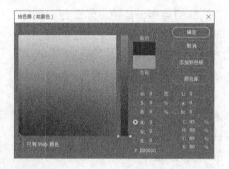

RGB图像使用3种颜色或3个通道在屏幕上重现颜色。

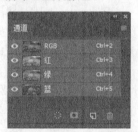

这3个通道将每个像素转换为24位（8位×3通道）色信息。对于24位图像可重现多达1670万种颜色，对于48位图像（每个通道16位）可重现更多的颜色。新建的Photoshop图像的默认模式为RGB，电脑显示器、电视机、投影仪等均使用RGB模型显示颜色。这意味着在使用非RGB颜色模式（如CMYK）时，Photoshop 会将 CMYK图像插值处理为RGB，以便在屏幕上显示。

2. CMYK颜色模式

当阳光照射到一个物体上时，这个物体将吸收一部分光线，并将剩下的光线进行反射，反射的光线就是我们所看见的物体颜色。这是一种减色色彩模式，同时也是与RGB模式的根本不同之处。不但我们看物体的颜色时用到了这种减色模式，而且在纸上印刷时应用的也是这种减色模式。

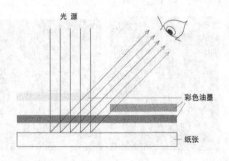

按照这种减色模式，就衍变出了适合印刷的CMYK色彩模式。

CMYK代表印刷上用的四种颜色来C代表青色（Cyan），M代表洋红色（Magenta），Y代表黄色（Yellow），K代表黑色（Black）。

因为在实际引用中，青色、洋红色和黄色很难叠加形成真正的黑色，最多不过是褐色而已。因此才引入了K——黑色。黑色的作用是强化暗调，加深暗部色彩。每个颜色通道的颜色也是8位，即256种亮度级别，4个通道组合使得每个像素具有32位的颜色容量，在理论上能产生232种颜色。但是由于目前的制造工艺还不能造出高纯度的油墨，CMYK相加的结果实际上是一种暗红色，因此还需要加入一种专门的黑墨来中和。

CMYK模式以打印纸上的油墨的光线吸收特性为基础，当白光照射到半透明油墨上时，色谱中的一部分被吸收，而另一部分被反射回眼睛。理论上，纯青色（C）、洋红（M）和黄色（Y）色素混合将吸收所有的颜色并生成黑色，因此CMYK模式是一种减色模式，即为最亮（高光）颜色指定的印刷油墨颜色百分比较低，而为较暗（暗调）颜色指定的百分比较高。例如，亮红色可能包含2%青色、93%洋红、90%黄色和0%黑色。因为青色的互补色是红色（洋红色和黄色混合即能产生红色），减少青色的百分含量，其互补色红色的成分也就越多，因此模式是靠减少一种通道颜色来加亮它的互补色，这显然符合物理原理。

CMYK通道的灰度图和RGB类似。RGB灰度表示色光亮度，CMYK灰度表示油墨浓度。但二者对灰度图中的明暗有着不同的定义。

RGB通道灰度图中较白部分表示亮度较高，较黑表示亮度较低，纯白表示亮度最高，纯黑表示亮度为零。RGB模式下通道明暗的含义如下图所示。

CMYK通道灰度图中较白部分表示油墨含量较低，较黑部分表示油墨含量较高，纯白表示完全没有油墨，纯黑表示油墨浓度最高。CMYK模式下通道明暗的含义如下图所示。

 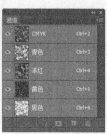

在制作要用印刷色打印的图像时应使用CMYK模式。将RGB图像转换为CMYK，即产生分色。如果从RGB图像开始，则最好首先在 RGB 模式下编辑，然后在处理结束时转换为CMYK。在RGB模式下，可以使用【校样设置】（选择【视图菜单】▶【校样设置】）命令模拟CMYK转换后的效果，而无需真的更改图像的数据。也可以使用CMYK模式直接处理从高端系统扫描或导入的CMYK图像。

1.8.4 图像的分辨率

分辨率是指单位长度上像素的多少。单位长度像素越多，分辨率越高，图像就相对比较清晰。分辨率有多种类型，可以分为位图图像分辨率、显示器分辨率和打印机分辨率等。

1. 图像分辨率

图像分辨率是指图像中每个单位长度所包含的像素的数目，常以"像素/英寸"(ppi) 为单位表示，如"96ppi"表示图像中每英寸包含96个像素或点。若分辨率越高，图像文件所占用的磁盘空间就越大，编辑和处理图像文件所需花费的时间也就越长。

在分辨率不变的情况下改变图像尺寸，则文件大小将发生变化，尺寸大则保存的文件大。若改变分辨率，则文件大小也会相应改变。

2. 显示器分辨率:

显示器分辨率是指显示器上每个单位长度显示的点的数目，常用"点/英寸"（dpi）为单位表示，如"72dpi" 表示显示器上每英寸显示72个像素或点 。PC机显示器的典型分辨率约为96 dpi，MAC机显示器的典型分辨率约为72 dpi 。当图像分辨率高于显示器分辨率时，图像在显示器屏幕上显示的尺寸会比指定的打印尺寸大。需要注意，图像分辨率可以更改，而显示器分辨率则是不可更改的。图像分辨率和图像尺寸(高宽)的值一起决定文件的大小及输出的质量，该值越大，图形文件所占用的磁盘空间也就越多。图像分辨率以比例关系影响着文件的大小，即文件大小与其图像分辨率的平方成正比。如果保持图像尺寸不变，将图像分辨率提高1倍，则其文件大小增大为原来的4倍。

两幅相同的图像，分辨率分别为 72 ppi 和 300 ppi。

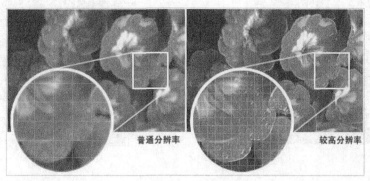

举一反三

在本教程中将学习如何使用Photoshop的合成技术制作出云中仙境的图像效果，毫无疑问，伟大的作品都是使用最基本的技巧，具体操作步骤如下。

1 打开素材文件

选择【文件】▶【打开】命令，打开本书配套光盘"光盘\素材\ch01\01、02和03.jpg文件。

2 选择图像区域

再用【磁性套索工具】在Photoshop中进行操作，选择出02图像中的山的图像区域。

3 设置值

复制选择出来的山的图像，并粘贴到另一个01的云图像里，按【Ctrl+T】组合键使用【自由变换】工具调整山的大小和形状，并摆放好大致位置；然后调整山图层的【不透明度】值为90。

4 设置值

使用同样的方法将03草坪图像拖入到01云图像中，并按【Ctrl+T】组合键使用【自由变换】工具调整草坪的大小和形状，并摆放好大致位置；然后调整草坪图层的【不透明度】值为90。

5 调整参数

由于草坪是在山的顶部，所以需要调整草坪图像符合山的顶部形状。将草坪图层的【不透明度值】设置为50，选择山图层使用【磁性套索工具】选择前面的草坪部分图形，然后删除选区内图形，最后调整草坪图层的【不透明度值】设置为90。

6 设置模式

将删除后的草坪图层混合模式设置为【强光】，产生叠加的效果，最终效果如图所示。

 # 高手私房菜

技巧1：如何使用帮助

通过【帮助】菜单用户可以得到一些帮助的信息和资源。

（1）用户可以选择【帮助】▶【系统信息】菜单命令，打开【系统信息】对话框，可以查看系统的相关信息。

（2）用户可以通过选择【帮助】▶【Photoshop联机帮助】菜单命令，打开联机网页可以查看联机帮助信息。

（3）用户可以通过选择【帮助】▶【Photoshop联机资源】菜单命令，打开联机网页可以查看并下载联机资源。

技巧2：如何优化工作界面

Photoshop CC提供了屏幕模式按钮，单击按钮右侧的三角箭头可以选择【标准屏幕模式】、【带有菜单栏的全屏模式】和【全屏模式】3个选项来改变屏幕的显示模式，也可以使用快捷键【F】键来实现3种模式之间的切换。建议初学者使用【标准屏幕模式】。

小提示

当工作界面较为混乱的时候，可以选择【窗口】▶【工作区】▶【默认工作区】菜单命令恢复到默认的工作界面。

要想拥有更大的画面观察空间则可使用全屏模式。带有菜单栏的全屏模式如下图所示。

单击屏幕模式按钮，选择【全屏模式】时，系统会自动弹出【信息】对话框。单击【全屏】按钮，即可转换为全屏模式。

全屏模式如下图所示。

当在全屏模式下时，可以按【Esc】键返回到主界面。

第 2 章

图像的基本操作

 本章视频教学时间：45 分钟

要绘制或处理图像，首先要新建、导入或打开图像文件，处理完成之后，再进行保存，这是最基本的流程。本章主要介绍 Photoshop CC 中文件的基本操作。

【学习目标】

通过本章了解 Photoshop CC 软件中文件的基本操作和图像的基本操作，掌握图像的查看和调整等的基本方法。

【本章涉及知识点】

文件的基本操作

图像的查看

应用辅助工具

调整图像

恢复与还原操作

2.1 实例1——文件的基本操作

 本节视频教学时间：5分钟

　　学习Photoshop CC软件，首先需要掌握图像文件的一些基本操作方法，比如新建文件、打开文件和存储文件等。

2.1.1 新建文件

　　新建文件的方法有以下两种。
　　方法1

1 选择【新建】命令	**2** 弹出【新建】对话框
启动Photoshop CC软件，选择【文件】▶【新建】菜单命令。 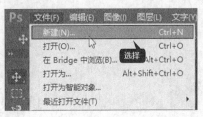	系统弹出【新建】对话框。 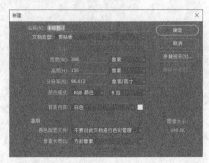

 小提示
　在制作网页图像的时候一般是用【像素】作单位，在制作印刷品的时候则是用【厘米】作单位。

　　（1）【名称】文本框：用于填写新建文件的名称。【未标题-1】是Photoshop默认的名称，可以将其改为其他名称。
　　（2）【文档类型】下拉列表：用于提供预设文件尺寸及自定义尺寸。
　　（3）【宽度】设置框：用于设置新建文件的宽度，默认以像素为宽度单位，也可以选择英寸、厘米、毫米、点、派卡和列等为单位。
　　（4）【高度】设置框：用于设置新建文件的高度，单位同上。
　　（5）【分辨率】设置框：用于设置新建文件的分辨率。像素/英寸默认为分辨率的单位，也可以选择像素/厘米为单位。
　　（6）【颜色模式】下拉列表：用于设置新建文件的模式，包括位图、灰度、RGB颜色、CMYK颜色和Lab颜色等几种模式。
　　（7）【背景内容】下拉列表：用于选择新建文件的背景内容，包括白色、背景色和透明等3种。
　　① 白色：白色背景。
　　② 背景色：以所设定的背景色（相对于前景色）为新建文件的背景。
　　③ 透明：透明的背景（以灰色与白色交错的格子表示）。

3 新建空白文件

单击【确定】按钮就新建了一个空白文件。

方法2
使用快捷键【Ctrl+N】。

2.1.2 打开文件

打开文件的方法有以下6种。

1. 用【打开】命令打开文件

1 选择【打开】命令

选择【文件】➤【打开】菜单命令。

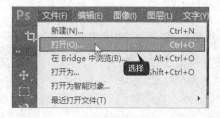

2 选择文件格式

系统打开【打开】对话框。一般情况下【文件类型】默认为【所有格式】，也可以选择某种特定的文件格式，然后在大量的文件中进行筛选。

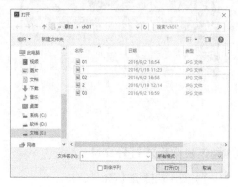

3 显示图像

单击【打开】对话框中的【显示预览窗格】菜单图标□，可以选择以预览图的形式来显示图像。

4 打开文件

选中要打开的文件，然后单击 打开(O) 按钮或者直接双击文件即可打开文件。

2. 用【打开为】命令打开文件

当需要打开一些没有后缀名的图形文件时（通常这些文件的格式是未知的），就要用到【打开为】命令。

1 选择【打开为】命令	**2** 选择文件打开
选择【文件】➤【打开为】菜单命令。 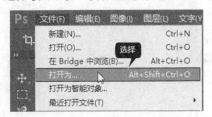	打开【打开】对话框，具体操作同【打开】命令。 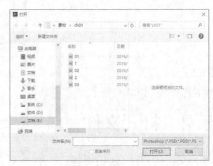

3. 用【在Bridge中浏览】命令打开文件

1 选择【在 Bridge 中浏览】命令	**2** 打开文件
选择【文件】➤【在Bridge中浏览】菜单命令。 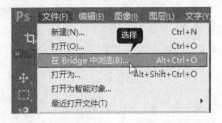	系统打开【Bridge】对话框，双击某个文件将打开该文件。 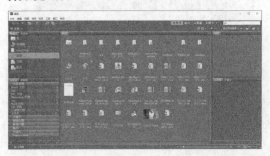

4. 通过快捷方式打开文件

（1）使用快捷键【Ctrl+O】。

（2）在工作区域内双击也可以打开【打开】对话框。

5. 打开最近使用过的文件

1 选择【最近打开文件】命令	**2** 打开文件
选择【文件】➤【最近打开文件】菜单命令。 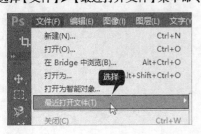	弹出最近处理过的文件，选择某个文件将打开该文件。 

6. 作为智能对象打开

1 选择【打开为智能对象】命令

选择【文件】➤【打开为智能对象】菜单命令。

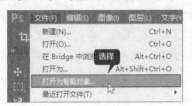

2 打开文件

打开【打开】对话框，双击某个文件将该文件作为智能对象打开。

2.1.3 存储文件

保存文件的方法有以下一些方法。

1. 用【存储】命令保存文件

1 选择【存储】命令

选择【文件】➤【存储】菜单命令，可以以原有的格式存储正在编辑的文件。

2 存储文件

打开【另存为】对话框，设置保存位置和保存名后，单击【保存】按钮就可以保存为PSD格式的文件。

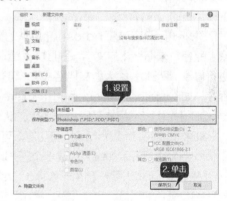

2. 用【存储为】命令保存文件

1 选择【存储为】命令

用户选择【文件】➤【存储为】菜单命令（或者【Shift+Ctrl+S】组合键）后即可打开【另存为】对话框。

2 另存为其他格式

不论是新建的文件或已经存储过的文件，用户都可以在【另存为】对话框中将文件另外存储为某种特定的格式。

【另存为】对话框中的重要选项介绍如下。

（1）保存在：选择文件的保存路径。

（2）文件名：设置保存的文件名。

（3）保存格式：选择文件的保存格式。

（4）作为副本：勾选该选项后，可以另外保存一个复制文件。

（5）注释/Alpha通道/专色/图层：可以选择是否保存注释、Alpha通道、专色和图层。

（6）使用校样设置：将文件的保存格式设置为EPS或PDF时，该选项才可用。勾选该选项可以保存打印用的校样设置。

（7）ICC配置文件：可以保存嵌入在文档中的ICC配置文件。

（8）缩览图：为图像创建并显示缩览图。

3. 通过快捷方式保存文件

使用快捷键【Ctrl+S】。

4. 用【签入】命令保存文件

选择【文件】➤【签入】命令保存文件时，允许存储文件的不同版本以及各版本的注释。

5. 选择正确的文件保存格式

文件格式决定了图像数据的存储方式、压缩方法以及支持什么样的Photoshop功能，以及文件是否与一些应用程序兼容。Photoshop CC支持PSD、JPEG、TIFF、GIF、EPS等多种格式，每一种格式都有各自的特点。用户在使用【存储】、【存储为】命令保存图像时，可以在打开的对话框中选择文件的保存格式。例如，TIFF格式是用于印刷的格式，GIF是用于网路的格式等，用户可根据文件的使用目的，选择合适的保存格式。

PSD格式：PSD是Photoshop默认的文件格式，PSD格式可以保留文档中的所有图层、蒙蔽、通道、路径、未栅格化的文字、图层样式等。通常情况下，都是将文件保存为PSD格式，以后可以对其进行修改。PSD是除大型文档格式（PSB）之外支持所有Photoshop功能的格式。其他Adode应用程序，如Illustator、InDesign、Premiere等可以直接置入PSD文件。

PSB格式：PSB格式是Photoshop的大型文档格式，可支持最高达到300 000像素的超大图像文件。PSB格式支持Photoshop所有功能，可以保持图像中的通道、图层样式和滤镜效果不变，但只能在Photoshop中打开。如果要创建一个2GB以上的PSB文件，可以使用格式。

BMP格式：BMP是一种用于Windows操作系统的图层格式，主要用于保存位图文件。该格式可以处理24位颜色的图像，支持RGB、位图、灰度和索引模式，当不支持Aipha通道。

GIF格式：GIF是基于在网络上传输图像二创建的文件格式，GIF格式支持透明背景和动画，因此广泛地应用于传输和存储医学图像，如超声波和扫描图像。DICOM文件包含图像数据和表头，其中存储了有关病人和医学的图像信息。

EPS格式：EPS是为PostSeript打印机上输出图像而开发的文件格式，几乎所有的图形、图表和页面排版程序都支持格式。EPS格式可以同时包含矢量图形和位图图像、支持RGB、CMYK、位图、双色调、灰度、索引和Lab，当不支持Alpha通道。

JPEG格式：JPEG格式是由联合图像专家组开发的文件格式。它采用压缩方式，具有较好的压缩效果，但是将压缩品质数值设置得较大时，会损失掉图像的某个细节。JPEG格式支持RGB、CMYK和灰度模式，不支持Alpha通道。

PCX格式：PCX格式采用RLE无损压缩方式，支持24位、256色图像，适合保存索引和线画搞模式的图像。该格式支持RGB、索引、灰度和位图模式，以及一个颜色通道。

PDF格式：便携文档格式（PDF）是一种通用的文件格式，支持矢量数据和位图数据。具有电子文档搜索和导航功能，是Adobe Illusteator和Adpbe Aeronat的主要格式。PDF格式支持RGB、CMYK、索引灰度、位图和Lab模式，不支持Alpha通道。

RAW格式：Photoshop Raw (.RAW) 是一种灵活的文件格式，用于在应用程序与计之间传递图像。该格式支持具有Alpha通道的CMYK、RFB和灰度模式，以及Aipha通道的多通道、Lab、索引和双色调整模式。

PXR格式：Pixar是专业为高端图形应用程序（如用于渲染三维图像和动画应用程序）设计的文件格式。它支持具有单个Alpha通道的CMWK、RGB和灰度模式图像。

PNG格式：PNGshi事故作为GIF的无专利代替产品而开发的，用于无损压缩格式在Web上显示图像。与GIF不同，PNG支持244位图像并产生无锯齿状的透明背景度，但某些早期的浏览器不支持该格式。

SCT格式：Seitex(CT)格式用于Seitx电脑上的高端图像处理。该格式主持CMYK、RGB和灰度模式，不支持Aipha通道。

TGA格式：TGA格式专用于使用Truevision视屏版的系统，它支持一个单独Alpha通道的32位RGB文件，以及无Alpha通道的索引、灰度模式，16位和24位RGB文件。

TIFF格式：TIFF是一种通用文件格式，所有的绘画、图像编辑和排版都支持该格式。（几乎所有的桌面扫描仪都可以产生TIFF图像。该格式支持具有Alpha通道的CMYK、RGB、Lab、索引颜色和灰度图像，以及没有Alpha通道的位图模式图像。Photoshop可以在TIFF文件中存储图层，但是如果在另一个应用程序中打不开该文件，则只有拼合图像时可见。）

便携位图格式：便携位图格式（PBM）文件格式支持单色位图（1位/像素），可用于无损数据传输。因为许多应用程序都支持此格式，我们甚至可用在简单的文本编辑器中编辑或创建此类文件。

2.2 实例2——图像的查看

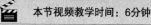 本节视频教学时间：6分钟

在编辑图像时，常常需要放大或者缩小窗口的显示比例、移动图像的显示区域等操作，通过对整体的把握和对局部的修改来达到最终的设计效果。Photoshop CC提供了一系列的图像查看命令可以方便地完成这些操作，例如缩放工具、抓手工具、【导航器】面板和各种缩放窗口的命令。

2.2.1 查看图像

1. 使用导航器查看

导航器面板中包含图像的缩略图和各种窗口缩放工具。如果文件尺寸较大，画面中不能显示完整的图像，用户可以通过该面板定位图像的查看区域会更加方便。

（1）打开光盘中的"素材\ch02\2-1.jpg"文件。选择【窗口】➤【导航器】菜单命令，可以打开导航器面板。

（2）用户单击导航器中的缩小图标可以缩小图像，单击放大图标可以放大图像。

（4）在导航器缩略窗口中使用抓手工具可以改变图像的局部区域。

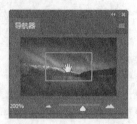

（3）用户也可以在左下角的位置直接输入缩放的数值。

66.67%

2. 使用【缩放工具】查看

Photoshop CC缩放工具又称放大镜工具，可以对图像进行放大或缩小。选择缩放工具并单击图像时，对图像进行放大处理，按住【Alt】键将缩小图像。

使用Photoshop CC缩放工具时，每单击一次都会将图像放大或缩小到下一个预设百分比，并以单击的点为中心将显示区域居中。当图像到达最大放大级别 3200% 或最小尺寸 1 像素时，放大镜看起来是空的。

调整窗口大小以满屏显示：在Photoshop CC缩放工具处于现用状态时，选择选项栏内的【调整窗口大小以满屏显示】。当放大或缩小图像视图时，窗口的大小即会调整。

如果没有选择【调整窗口大小以满屏显示】（默认设置），则无论怎样放大图像，窗口大小都会保持不变。如果你使用的显示器比较小，或者你是在平铺视图中工作，这种方式会有所帮助。

缩放所有窗口：勾选【缩放所有窗口】选项，可以同时缩放Photoshop CC已打开的所有窗口图像。

细微缩放：勾选【细微缩放】选项，在Photoshop CC图像窗口中按住鼠标左键拖动，可以随时缩放图像大小，向左拖动鼠标为缩小，向右移动鼠标为放大。不勾选【细微缩放】选项，在Photoshop CC图像窗口中按住鼠标左键拖动，可创建出一个矩形选区，将以矩形选区内的图像为中心进行放大。

适合屏幕：单击此按钮，Photoshop CC图像将自动缩放到窗口大小，方便我们对图像的整体预览。

填充屏幕：单击此按钮，Photoshop CC图像将自动填充整个图像窗口大小，而实际长宽比例不变。

（1）选择Photoshop CC工具箱【缩放工具】，指针将变为中心带有一个加号的放大镜。点击想放大的区域。每点击一次，图像便放大至下一个预设百分比，并以点击的点为中心显示。

 小提示

用户使用缩放工具拖曳出想要放大的区域即可对局部区域进行放大。

（2）按住【Alt】键以启动缩小工具（或单击其属性栏上的缩小按钮）。指针将变为中心带有一个减号的放大镜。点击想缩小的图像区域的中心。每点击一次，视图便缩小到上一个预设百分比。

小提示

按【Ctrl++】组合键以画布为中心放大图像；按【Ctrl+－】组合键以画布为中心缩小图像。

（3）用户勾选【细微缩放】，在图像窗口中按住鼠标左键，向左拖动鼠标为缩小图像，向右移动鼠标为放大图像。

小提示

按【Ctrl+0】组合键以满画布显示图像，即图像窗口充满整个工作区域。

（4）在Photoshop CC左下角缩放比例框中直接输入要缩放的百分比值，按键盘上的【Enter】回车键确认缩放即可。

3. 使用【抓手工具】查看

Photoshop CC使用抓手工具可以在图像窗口中移动整个画布，移动时不能影响图层间的位置，手掌工具常常配合导航器面板一起使用。

滚动所有窗口：如果不勾选此选项，使用抓手工具移动图像时，只会移动当前所选择的窗口内的Photoshop CC图像；如果勾选此选项，使用抓手工具时，将移动所有已打开窗口内的所有Photoshop CC图像。

100%：单击此按钮，Photoshop CC图像将自动还原到图像实际尺寸大小。

适合屏幕：单击此按钮，Photoshop CC图像将自动缩放到窗口大小，方便我们对图像的整体预览。

填充屏幕：单击此按钮，Photoshop CC图像将自动填充整个图像窗口大小，而实际长宽比例不变。

① 选择Photoshop CC工具箱中的【抓手工具】，此时鼠标光标变成手的形状，按住图标左键，在图像窗口中拖动即可移动图像。

② 在使用Photoshop CC工具箱中的任何工具时，按住键盘上的【空格】键，此时自动切换到【抓手工具】，按住图标左键，在图像窗口中拖动即可移动图像。

③ 也可以拖曳水平滚动条和垂直滚动条来查看图像。下图所示为使用【抓手工具】查看部分图像。

2.2.2 多窗口查看图像

Photoshop CC可以多样式排列多个文档。很多时候作图时会同时打开多个图像文件，为了操作方便，可以将文档排列展开，包括双联、三联、四联、全部网格拼贴等，下面介绍一下如何排列多个文档的具体方法。

1 打开文件

打开随书光盘中的"素材\ch02\2-2.jpg、2-3.jpg、2-4.jpg、2-5.jpg、2-6.jpg、2-7.jpg"文件。

2 选择【全部垂直拼贴】命令

选择【窗口】➤【排列】➤【全部垂直拼贴】菜单命令。

3 拖曳查看

图像的排列将发生明显的变化，切换为抓手工具，选择"2-7"文件，可拖曳进行查看。

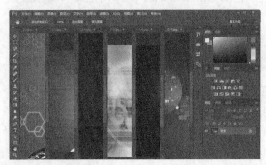

4 拖曳文件

按住【Shift】键的同时，拖曳"2-7"文件，可以发现其他图像也随之移动。

5 排列发生变化

选择【窗口】➤【排列】➤【六联】菜单命令，图像的排列发生变化。

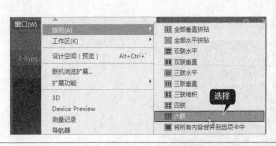

用户可以根据需要选择适合的排列样式。

2.3 实例3——应用辅助工具

 本节视频教学时间：6分钟

辅助工具的主要作用是辅助操作，可以利用辅助工具提高操作的精确程度和工作的效率。在Photoshop中可以利用参考线、网格和标尺等工具来完成辅助操作。

2.3.1　使用标尺定位图像

利用标尺可以精确地定位图像中的某一点以及创建参考线。

打开随书光盘中的"素材\ch02\2-8.jpg"文件。选择【视图】▶【标尺】菜单命令或使用快捷键【Ctrl+R】，标尺会出现在当前窗口的顶部和左侧。

标尺内的虚线可显示出当前鼠标移动时的位置。更改标尺原点（左上角标尺上的"0.0"标志），可以从图像上的特定点开始度量。在左上角按下鼠标左键，然后拖曳到特定的位置释放，即可改变原点的位置。

小提示

要恢复原点的位置，只需在左上角双击鼠标即可。

标尺原点还决定网格的原点，网格的原点位置会随着标尺的原点位置而改变。

默认情况下标尺的单位是厘米，如果要改变标尺的单位，可以在标尺位置单击右键，会弹出一列单位，然后选择相应的单位即可。

2.3.2　网格的使用

网格对于对称地布置图像很有用。

打开随书光盘中的"素材\ch02\2-9.jpg"文件。选择【视图】▶【显示】▶【网格】菜单命令或按快捷键【Ctrl+"】，即可显示网格。

小提示

网格在默认的情况下显示为不打印出来的线条，但也可以显示为点。使用网格可以查看和跟踪图像扭曲的情况。

下图所示为以直线方式显示的网格。

可以选择【编辑】▶【首选项】▶【参考线、网格和切片】菜单命令，打开【首选项】对话框，在【参考线】、【网格】、【切片】等选项组中设定网格的大小和颜色。也可以存储一幅图像中的网格，然后将其应用到其他的图像中。

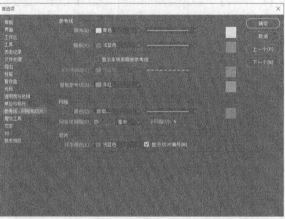

选择【视图】▶【对齐到】▶【网格】菜单命令，然后拖曳选区、选区边框和工具，如果拖曳的距离小于8个屏幕（不是图像）像素，那么它们将与网格对齐。

2.3.3 使用参考线准确编辑图像

参考线是浮在整个图像上但不打印出来的线条。可以移动或删除参考线，也可以锁定参考线，以免不小心移动了它。

选择【视图】▶【显示】▶【参考线】菜单命令或按快捷键【Ctrl+：】，即可显示参考线。

创建参考线的方法如下。

● 从标尺处直接拖曳出参考线，按【Shift】键并拖曳参考线可以使参考线与标尺对齐。

● 如果要精确地创建参考线，可以选择【视图】▶【新建参考线】菜单命令，打开【新建参考线】对话框，然后输入相应的【水平】和【垂直】参考线数值即可。

● 也可以将图像放大到最大限度，然后直接从标尺位置拖曳出参考线。

删除参考线的方法如下。

● 使用移动工具将参考线拖曳到标尺位置，可以一次删除一条参考线。

- 选择【视图】➤【清除参考线】菜单命令，可以一次将图像窗口中的所有参考线全部删除。
锁定参考线的方法如下。
- 为了避免在操作中移动参考线，可以选择【视图】➤【锁定参考线】菜单命令锁定参考线。
隐藏参考线的方法如下。
- 按【Ctrl+H】组合键可以隐藏参考线。

小提示

在显示标尺时，可从标尺处直接拖曳出参考线，按下【Shift】键并拖曳参考线可以使参考线对齐标尺。

2.4 实例4——调整图像

 本节视频教学时间：12分钟

　　通常情况下，通过扫描或导入图像一般不能满足设计的需要，因此还需要调整图像大小，以使图像能够满足实际操作的需要。

2.4.1 调整图像的大小

　　Photoshop CC为用户提供了修改图像大小这一功能，用户可以使用【图像大小】对话框来调整图像的像素大小、打印尺寸和分辨率等参数，让使用者在编辑处理图像时更加方便快捷，具体操作步骤如下。

1 打开素材

　　选择【文件】➤【打开】命令，打开"光盘\素材\ch02\2-11.jpg"图像。

2 打开【图像大小】对话框

　　选择【图像】➤【图像大小】命令（或【Alt+Ctrl+I】组合键），系统打开【图像大小】对话框。

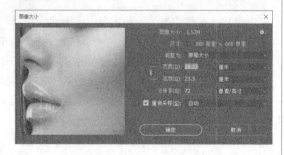

3 设置参数

　　在【图像大小】对话框中可以方便地看到图像的像素大小，以及图像的宽度和高度；文档大小选项中包括图像的宽度、高度和分辨率等信息；还可以在【图像大小】对话框中更改图像的尺寸。在【图像大小】中设置【分辨率】为"10"，单击【确定】按钮。

4 改变图像大小

改变图像大小后的效果如图所示。

小提示

在调整图像大小时，位图数据和矢量数据会产生不同的结果。位图数据与分辨率有关，因此更改位图图像的像素大小可能导致图像品质和锐化程度损失。相反，矢量数据与分辨率无关，调整其大小不会降低图像边缘的清晰度。

（1）【像素大小】设置区：在此输入【宽度】值和【高度】值。如果要输入当前尺寸的百分比值，应选取【百分比】作为度量单位。图像的新文件大小会出现在【图像大小】对话框的顶部，而旧文件大小则在括号内显示。

（2）【约束比例】按钮⑧：如果要保持当前的像素宽度和像素高度的比例，则应选择【约束比例】复选框。更改高度时，该选项将自动更新宽度，反之亦然。

（3）【重新采样】选项：在其后面的下拉列表框中包括【邻近】、【两次线性】、【两次立方】、【两次立方较平滑】、【两次立方较锐利】等选项。

①【邻近】：选择此项，速度快但精度低。建议对包含未消除锯齿边缘的插图使用该方法，以保留硬边缘并产生较小的文件。但是该方法可能导致锯齿状效果，在对图像进行扭曲或缩放时或在某个选区上执行多次操作时，这种效果会变得非常明显。

②【两次线性】：对于中等品质方法可使用两次线性插值。

③【两次立方】：选择此项，速度慢但精度高，可得到最平滑的色调层次。

④【两次立方较平滑】：在两次立方的基础上，适用于放大图像。

⑤【两次立方较锐利】：在两次立方的基础上，适用于图像的缩小，用以保留更多在重新取样后的图像细节。

2.4.2　调整画布的大小

使用【图像】➤【画布大小】菜单命令可添加或移去现有图像周围的工作区。该命令还可用于通过减小画布区域来裁切图像。在Photoshop CC中，所添加的画布有多个背景选项。如果图像的背景是透明的，那么添加的画布也将是透明的。

在使用Photoshop CC编辑制作图像文档时，当图像的大小超过原有画布的大小，就需要扩大画布的大小，以使图像能够全部显示出来。在Photoshop CC中，所添加的画布有多个背景选项。如果图像的背景是透明的，那么添加的画布也将是透明的。选择【图像】➤【画布大小】菜单命令，打开【画布大小】对话框。

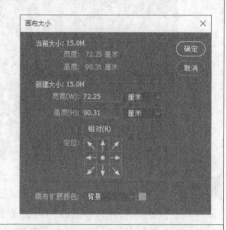

1.　【画布大小】对话框参数设置

（1）【宽度】和【高度】参数框：设置画布的宽度和高度值。

（2）【相对】复选框：在【宽度】和【高度】参数框内根据所要的画布大小输入增加或减少的数量（输入负数将减小画布大小）。

（3）【定位】：单击某个方块可以指示现有图像在新画布上的位置。

（4）【画布扩展颜色】下拉列表框中包含有4个选项。

①【前景】项：选中此项则用当前的前景颜色填充新画布。

②【背景】项：选中此项则用当前的背景颜色填充新画布。

③【白色】、【黑色】或【灰色】项：选中这3项之一则用所选颜色填充新画布。

④【其他】项：选中此项则使用拾色器选择新画布颜色。

2. 增加画布尺寸

1 打开素材

打开随书光盘中的"素材\ch02\2-12.jpg"文件。

2 进行设置

选择【图像】▶【画布大小】菜单命令，系统弹出【画布大小】对话框。在【宽度】和【高度】参数框中设置尺寸，然后单击【画布扩展颜色】后面的小方框。

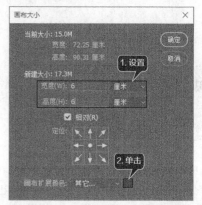

3 选择颜色

在弹出的对话框中选择一种颜色作为扩展画布的颜色，然后单击【确定】按钮。

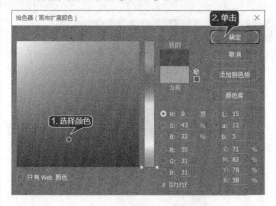

4 最终效果

返回【画布大小】对话框，单击【确定】按钮，最终效果如图所示。

2.4.3 调整图像的方向

在Photoshop CC中用户可以通过【图像旋转】菜单命令来进行旋转画布操作，这样可以将图像调整需要的角度，具体操作如下。

1	选择旋转角度

打开随书光盘中的"素材\ch02\2-13.jpg"文件。然后选择【图像】➤【图像旋转】菜单命令，在弹出的子菜单中选择旋转的角度。包括180度、90度（顺时针和逆时针）、任意角度和水平翻转画布等操作。

2	水平翻转

下面一组图像便是使用【水平翻转画布】命令后的前后效果对比图。

在处理图像的时候，如果图像的边缘有多余的部分可以通过裁剪将其修整。常见的裁剪图像的方法有3种：使用裁剪工具、使用【裁剪】命令和用【裁剪】命令剪切。

2.4.4　裁剪图像

Photoshop CC裁剪工具是将图像中被裁剪工具选取的图像区域保留，其他区域删除的一种工具。裁剪的目的是移去部分图像以形成突出或加强构图效果的过程。

默认情况下，裁剪后照片的分辨率与未裁剪的原照片的分辨率相同。通过裁剪工具可以保留图像中需要的部分，剪去不需要的内容。

1. 属性栏参数设置

选择【裁剪工具】，工具选项栏状态如图所示。

（1）下拉按钮：单击工具选项栏左侧的下拉按钮，可以打开工具预设选取器，如图所示，在预设选区器里可以选择预设的参数对图像进行裁剪。

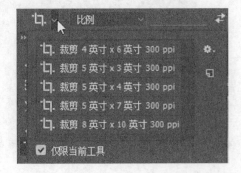

（2）裁剪比例：该按钮可以显示当前的裁剪比例或设置新的裁剪比例，其下拉选项如图所示。如果Photoshop CC图像中有选区，则按钮显示为选区。

（3）裁剪输入框：可以自由设置裁剪的长宽比。

（4）纵向与横向旋转裁剪框：设置裁剪框为纵向裁剪或横向裁剪。

（5）拉直：可以矫正倾斜的照片。

（6）设置裁切工具的叠加选项▦：可以设置Photoshop CC裁剪框的视图形式，如黄金比例和金色螺线等，如图所示，可以参考视图辅助线裁剪出完美的构图。

（7）设置其他裁剪选项：可以设置裁剪的显示区域，以及裁剪屏蔽的颜色、不透明度等，其下拉列表如图所示。

（8）删除裁剪像素：勾选该选项后，裁剪完毕后的图像将不可更改；不勾选该选项，即使裁剪完毕后选择Photoshop CC裁剪工具单击图像区域，仍可显示裁切前的状态，并且可以重新调整裁剪框。

2. 使用【裁剪工具】裁剪图像

1 打开素材

打开随书光盘中的"素材\ch02\2-14.jpg"文件。

2 创建裁剪区域

单击工具箱中的【裁剪工具】🔲，在图像中拖曳创建一个矩形，放开鼠标后即可创建裁剪区域。

3 调整定界框大小

将光标移至定界框的控制点上，单击并拖动鼠标调整定界框的大小，也可以进行旋转。

4 确认裁剪

按【Enter】键确认裁剪，最终效果如图所示。

3. 用【裁剪】命令裁剪

使用【裁剪】命令剪裁图像的具体操作步骤如下。

1 打开素材	**2** 选择【裁剪】命令
打开随书光盘中的"素材\ch02\2-15.jpg"文件使用选区工具来选择要保留的图像部分。	选择【图像】➤【裁剪】菜单命令。

3 完成裁剪

完成图像的剪裁，按【Ctrl+D】组合键取消选区。

2.4.5　图像的变换与变形

在Photoshop CC中，对图像的旋转、缩放、扭曲等是图像处理的基本操作。其中，旋转和缩放称为变换操作，斜切和扭曲称为变形操作。在【编辑】➤【变换】下拉菜单中包含对图像进行变换的各种命令。通过这些命令可以对选区内的图像、图层、路径和矢量形状进行变换操作，例如：旋转、缩放、扭曲等，执行这些命令时，当前对象上会显示出定界框，拖动定界框中的控制点便可以进行变换操作。

1. 使用【变换】命令调整图像

1 打开素材	**2** 拖曳图片
打开随书光盘中的"素材\ch02\2-16.jpg和2-17.jpg"文件。	选择【移动工具】，将"2-17"拖曳到"2-16"文档中，同时生成【图层1】图层。

3 进行调整

选择【图层1】图层，选择【编辑】➤【变换】➤【缩放】菜单命令来调整"图2-16"的大小和位置。

4 调整透视

在定界框内右击，在弹出的快捷菜单中选择【变形】命令来调整透视。然后按【Enter】键确认调整。

5 设置模式

在【图层】面板中设置【图层1】图层的混合模式为【正片叠底】，图层【不透明度】值为90，最终效果如图所示。

2. Photoshop CC的透视变形

在生活中由于相机镜头的原因，有时候照出的建筑照片透视严重变形，此时使用Photoshop CC的透视变形命令可以轻松调整图像透视。此功能对于包含直线和平面的图像（例如，建筑图像和房屋图像）尤其有用。用户也可以使用此功能来复合在单个图像中具有不同透视的对象。

有时，图像中显示的某个对象可能与在现实生活中所看到的样子有所不同。这种不匹配是由于透视扭曲造成的。使用不同相机距离和视角拍摄的同一对象的图像会呈现不同的透视扭曲。

1 打开素材

打开随书光盘中的"素材\ch02\2-18.psd"文件。

2 调整图像

双击【背景】图层将其转变为普通【图层0】，选择【图层0】图层，选择【编辑】➤【变换】➤【透视】菜单命令来调整图像。

3 进行裁切

然后按【Enter】键确认调整，然后对图像进行裁切。最终效果如图所示。

2.5 实例5——恢复与还原操作

 本节视频教学时间：6分钟

使用Photoshop CC编辑图像过程中，如果操作出现了失误或对创建的效果不满意，可以撤销操作，或者将图像恢复到最近保存过的状态，Photoshop CC中文版提供了很多帮助用户恢复操作的功能，有了它们作保证，用户就可以放心大胆地创作了，下面就介绍如何进行图像的恢复与还原操作。

2.5.1 还原与重做

在Photoshop CC菜单栏选择【编辑】➤【还原】菜单命令或按下【Ctrl+Z】快捷键，可以撤销对图像所作的最后一次修改，将其还原到上一步编辑状态中。如果想要取消还原操作，可以在菜单栏中选择【编辑】➤【重做】命令，或按下【Shift+Ctrl+Z】快捷键。

2.5.2 前进一步与后退一步

在Photoshop CC中【还原】命令只能还原一步操作，而选择【编辑】▶【后退一步】菜单命令则可以连续还原。连续执行该命令，或者连续按下【Alt+Ctrl+Z】组合键，便可以逐步撤销操作。

选择【后退一步】还原命令操作后，可选择【编辑】▶【前进一步】菜单命令恢复被撤销的操作，连续执行该命令，或者连续按下【Shift+Ctrl+Z】组合键，可逐步恢复被撤销操作。

2.5.3 恢复文件

在Photoshop CC中选择【文件】▶【恢复】菜单命令，可以直接将文件恢复到最后一次保存的状态。

2.5.4 历史记录面板和快照

在使用Photoshop CC中文版编辑图像时，我们每进行一步操作，Photoshop CC中文版都会将其记录在【历史记录】面板中，通过该面板可以将图像恢复到某一步状态，也可以回到当前的操作状态，或者将当前处理结果创建为快照或创建一个新的文件。

1. 使用【历史记录】面板

在Photoshop CC中文版菜单栏选择【窗口】▶【历史记录】命令，打开【历史记录面板】。【历史记录】面板可以撤销历史操作，返回到图像编辑以前的状态。下面就来学习【历史记录】面板。

设置历史记录画笔的源：在使用历史记录画笔时，该图标所在的位置将作为历史画笔的源图像。
历史记录状态：被记录的操作命令。
当前状态：将图像恢复到当前命令的编辑状态。
从当前状态创建新文档：单击该按钮，可以基于当前操作步骤中图像的状态创建一个新的文件。
创建新快照：单击该按钮，可以基于当前的图像状态创建快照。
删除当前状态：在面板中选择某个操作步骤后，单击该按钮可将该步骤及后面的步骤删除。
快照缩览图：被记录为快照的图像状态。

2. 使用【历史记录】命令制作特效

使用【历史记录】面板可在当前工作会话期间跳转到所创建图像的任一最近状态。每次对图像应用更改时，图像的新状态都会添加到【历史记录】面板中。使用【历史记录】面板也可以删除图像状态，并且在Photoshop中，用户可以使用【历史记录】面板依据某个状态或快照创建文件。可以选择【窗口】▶【历史记录】菜单命令，或者单击【历史记录】面板选项卡打开【历史记录】面板。

1 打开素材

打开随书光盘中的"素材\ch02\2-19.jpg"文件。

2 新建填充图层

选择【图层】▶【新建填充图层】▶【渐变】菜单命令，弹出【新建图层】对话框。然后单击【确定】按钮。

3 设置渐变

在弹出的【渐变填充】对话框中，单击【渐变】右侧的█按钮，在【渐变】下拉列表中选择【透明彩虹】渐变。然后单击【确定】按钮。

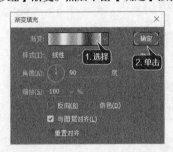

4 设置混合模式

在【图层】面板中将【渐变】图层的混合模式设置为【颜色】，效果如图所示。

5 恢复到上一步

选择【窗口】▶【历史记录】菜单命令，在弹出的【历史记录】面板中单击【新建渐变填充图层】，可将图像恢复为如图所示的状态。

6 恢复到最初状态

单击【快照】区可撤销对图形进行的所有操作，即使中途保存过该文件，也可将其恢复到最初打开的状态。

7 恢复被撤销的操作

要恢复所有被撤销的操作,可在【历史记录】面板中单击【混合更改】。

2.6 实例6——制作青花瓷器效果

本节视频教学时间:4分钟

本实例主要讲解使用移动工具和变换命令制作一幅青花瓶效果的图片,具体操作步骤如下。

1 打开素材

打开随书光盘中的"素材\ch02\2-20、2-21"和"素材\ch02\2-22.jpg"文件。

2 拖曳图片

选择【移动工具】,将"2-20"拖曳到"2-22"文档中,同时生成【图层1】图层。

3 调整图片

选择【图层1】图层,选择【编辑】▶【变换】▶【缩放】菜单命令来调整"图2-20"的大小和位置。

4 调整透视

在定界框内右击，在弹出的快捷菜单中选择【变形】命令来调整透视。然后按【Enter】键确认调整。

5 设置模式

在【图层】面板中设置【图层1】图层的混合模式为【正片叠底】，图层【不透明度】值为90，效果如图所示。

6 拖曳图片

使用相同的方法将图2-21拖到图2-10中进行调整，最终效果如图所示。

举一反三

有些打印机首选接受PDF文件格式的作品。在工作中可以通过将图像转换为PDF文档。
创建PDF文档的具体操作步骤如下。

1 打开素材

打开随书光盘中的"素材\ch02\2-23.jpg"文件。

2 选择保存类型

选择【文件】▶【存储为】菜单命令，弹出【存储为】对话框。在【保存类型】下拉列表中选择【Photoshop PDF】，然后单击【保存】按钮。

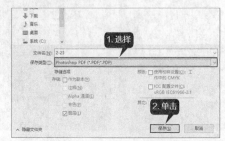

3 选择【PDF/X】预设

在弹出的【存储Adobe PDF】对话框中的【Adobe PDF预设】下拉列表中选择【[高质量打印]（修改）】预设。

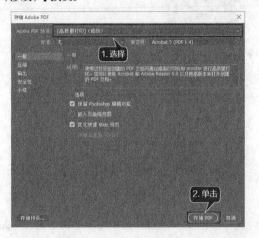

4 保存为 PDF 格式

单击【存储PDF】按钮，文档即可被保存为PDF格式。

2-23

高手私房菜

技巧1：裁剪工具使用技巧

（1）如果要将选框移动到其他的位置，则可将指针放在定界框内并拖曳，如果要缩放选框，则可拖移手柄。

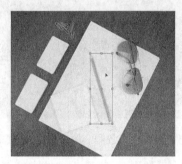

（2）如果要约束比例，则可在拖曳角手柄时按住【Shift】键。如果要旋转选框，则可将指针放在定界框外（指针变为弯曲的箭头形状）并拖曳。

（3）如果要移动选框旋转时所围绕的中心点，则可拖曳位于定界框中心的圆。

（4）如果要使裁剪的内容发生透视，可以选择属性栏中的【透视】选项，并在4个角的定界点上

拖曳鼠标，这样内容就会发生透视。如果要提交裁切，可以单击属性栏中的 ✔ 按钮；如果要取消当前裁剪，则可单击 ◎ 按钮。

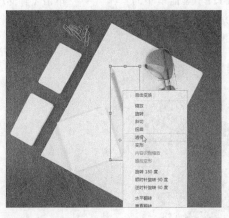

技巧2：Photoshop CC临时文件位置

Photoshop在处理图像时会产生临时的缓存文件　这个临时文件是看你暂存盘设在哪个盘。一般不更改暂存盘位置，默认就在C盘，名称为Photoshop Temp***的文件，*代表数字。

（1）暂存盘【启动】的意思是启动盘，即C盘。建议将所有分区都设为暂存盘，这样就不会因暂存盘小而不能正常使用。选择【编辑】▶【首选项】▶【暂存盘】菜单命令即可打开【首选项】对话框，在【暂存盘】选项中可以设置暂存盘位置。

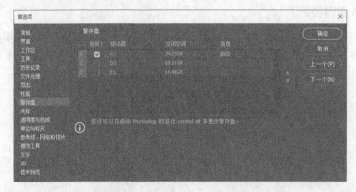

（2）暂存盘只是暂时存放工作中的一些数据，一旦退出（或非法关闭），里面的内容就自动删除了。

（3）没有保存文件就不存在，无法找回的。

技巧3：常用图像输出要求

喷绘一般是指户外广告画面输出，它输出的画面很大，如高速公路旁的广告牌画面就是喷绘机输出的结果。输出机型有NRU SALSA 3200、彩神3200等，一般是3.2米的最大幅宽。喷绘机使用的介质一般都是广告布（俗称灯箱布），墨水使用油性墨水，喷绘公司为保证画面的持久性，一般画面色彩比显示器上的颜色要深一点。它实际输出的图像分辨率一般只需要30~45点/英寸（按照印刷要求对比），画面实际尺寸比较大，有上百平方米的面积。

写真一般是指户内使用的，它输出的画面一般就只有几个平方米大小。如在展览会上厂家使用的广告小画面。输出机型如HP5000，一般是1.5米的最大幅宽。写真机使用的介质一般是PP纸、灯片，墨水使用水性墨水。在输出图像完毕后还要覆膜、裱板才算成品，输出分辨率可以达到300~1200点/英寸（机型不同会有不同的），它的色彩比较饱和、清晰。

第 3 章

选区抠图实战

 本章视频教学时间：46 分钟

在 Photoshop 中不论是绘图还是图像处理，图像的选取都是这些操作的基础。本章将针对 Photoshop 中常用的工具进行详细地讲解。

【学习目标】

通过本章了解 Photoshop CC 软件的图像的选区基本操作，掌握图像的创建和编辑等基本方法。

【本章涉及知识点】

创建选区
选区的基本操作
选区的编辑

3.1 选区就是精确抠图

 本节视频教学时间：1分钟

　　【抠图】是图像处理中最常做的操作之一，将图像中需要的部分从画面中精确地提取出来，就称为抠图，抠图是后续图像处理的重要基础。抠图是指把前景和背景分离的操作，当然什么是前景和背景取决于操作者。比如一幅蓝色背景的人像图，用魔棒或别的工具把蓝色部分选出来再删掉，就是一种抠图的过程。

　　下面各图所示分别为通过不同的选取工具来选取不同的图像的效果。

矩形选框工具　　　　　　椭圆选框工具　　　　　　单行选框工具

单列选框工具　　　　　　套索工具　　　　　　多边形套索工具

磁性套索工具　　　　　　魔棒工具

3.2 实例1——创建选区

 本节视频教学时间：18分钟

　　Photoshop中的选区大部分是靠选取工具来实现的。选取工具共8个，集中在工具栏上部，分别是矩形选框工具、椭圆选框工具、单行选框工具、单列选框工具、套索工具、多边形套索工具、磁性套索工具、魔棒工具，其中前4个属于规则选取工具。在抠图的过程中，首先需要学会如何选取图像。在Photoshop CC中对图像的选取可以通过多种选取工具。

3.2.1 使用【矩形选框工具】创建选区

选框工具的作用就是获得选区，选框工具在工具栏的位置如图所示。

【矩形选框工具】 主要用于创建矩形的选区，从而选择矩形的图像，是Photoshop CC中比较常用的工具。使用该工具仅限于选择规则的矩形，不能选取其他形状。

使用【矩形选框工具】创建选区的操作步骤如下。

1 打开素材	**2** 选择【矩形选框工具】
打开随书光盘中的"素材\ch03\3-1.jpg"文件。 	在工具箱中选择【矩形选框工具】 。 
3 创建矩形选区	**4** 移动选区
从选区的左上角到右下角拖曳鼠标从而创建矩形选区（按【Ctrl+D】组合键可以取消选区）。 	按住【Ctrl】键的同时拖动鼠标，可移动选区及选区内的图像。 

5 复制选区

按住【Ctrl+Alt】组合键的同时拖动鼠标，则可复制选区及选区内的图像。

小提示

在创建选区的过程中，按住【空格】键的同时拖动选区可使其位置改变，松开空格键则继续创建选区。

3.2.2 使用【椭圆选框工具】创建选区

【椭圆选框工具】用于选取圆形或椭圆的图像。

1. 使用【椭圆选框工具】创建选区

1 打开素材

打开随书光盘中的"素材\ch03\3-4.jpg"文件。

2 选择【椭圆选框工具】

选择工具箱中的【椭圆选框工具】 。

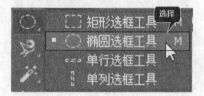

3 创建椭圆选区

在画面中气球处拖动鼠标，创建一个椭圆选区。

4 绘制圆形选区

按住【Shift】键拖动鼠标，可以绘制一个圆形选区。

5 绘制椭圆选区

按住【Alt】键拖动鼠标，可以从中心点来绘制椭圆选区（同时按住【Shift+Alt】组合键拖动鼠标，可以从中心点绘制圆形的选区）。

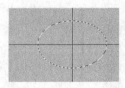

2. 【椭圆选框工具】参数设置

【椭圆选框工具】与【矩形选框工具】的参数设置基本一致。这里主要介绍它们之间的不同之处。

消除锯齿前后的对比效果如图所示。

小提示

在系统默认的状态下，【消除锯齿】复选框自动处于开启状态。

3.2.3 使用【套索工具】创建选区

套索工具的作用，是可以在画布上任意地绘制选区，选区没有固定的形状。应用【套索工具】可以以手绘形式随意地创建选区，如果需要改变一朵花的颜色，可以使用【套索工具】选择花的不规则边缘。

1. 使用【套索工具】创建选区

1 选打开素材

打开随书光盘中的"素材\ch03\3-5.jpg"文件。

2 选择【套索工具】

选择工具箱中的【套索工具】 ○。

3 选择区域

单击图像上的任意一点作为起始点，按住鼠标左键拖移出需要选择的区域，到达合适的位置后松开鼠标，选区将自动闭合。

4 设置参数

选择【图像】➤【调整】➤【色彩平衡】命令来调整马蹄莲的颜色。本例中只调整为黄色马蹄莲，【色彩平衡】对话框的参数设置如图所示。

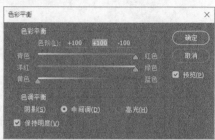

2. 【套索工具】的使用技巧

（1）在使用【套索工具】创建选区时，如果释放鼠标时起始点和终点没有重合，系统会在它们之间创建一条直线来连接选区。

（2）在使用【套索工具】创建选区时，按住【Alt】键然后释放鼠标左键，可切换为【多边形套索工具】，移动鼠标指针至其他区域单击可绘制直线，放开【Alt】键可恢复为【套索工具】。

3.2.4　使用【多边形套索工具】创建选区

多边形套索工具，可以绘制一个边缘规则的多边形选区，适合选择多边形选区。在下面的例子中，需要使用【多边形套索】工具在一个大门对象周围创建选区并将森林的景色放进门内，具体操作如下。

1 打开素材

打开随书光盘中的"素材\ch03\3-6.jpg和3-7.jpg"文件。

2 调整图片

使用【移动工具】将森林图片拖到门的图像内，并调整大小和位置。

3 选择【多边形套索工具】

选择工具箱中的【多边形套索工具】。

4 创建选区

使用【多边形套索工具】创建大门的选区，然后反选。

5 删除选区内图像

删除选区内的图像得到的效果如图所示。

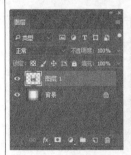

6 进行调整

复制森林图层，然后按【Ctrl+T】组合键将其垂直翻转，最后调整位置，该图层不透明值为"25"，制作出倒影效果。

小提示

虽然可以为【多边形套索】工具在【选项】栏中指定【羽化】值，但是这不是最佳实践，因为该工具在更改【羽化】值之前仍保留该值。如果发现需要羽化用【多边形套索】工具创建的选区，请选择【选择】▶【羽化】菜单命令并为选区指定合适的羽化值。

3.2.5 使用【磁性套索工具】创建选区

【磁性套索工具】可以智能地自动选取，特别适用于快速选择与背景对比强烈而且边缘复杂的对象。使用【磁性套索工具】选择一块布料，然后更改其颜色的具体操作如下。

1 打开素材

打开随书光盘中的"素材\ch03\3-8.jpg"文件。

2 选择【磁性套索工具】

选择工具箱中的【磁性套索工具】。

3 在图像边缘移动

在图像上单击以确定第一个紧固点。如果想取消使用【磁性套索工具】，可按【Esc】键。将鼠标指针沿着要选择图像的边缘慢慢地移动，选取的点会自动吸附到色彩差异的边沿。

小提示

需要选择的图像如果与边缘的其他色彩接近，自动吸附会出现偏差，这时可单击鼠标以手动添加一个紧固点。如果要抹除刚绘制的线段和紧固点，可按【Delete】键，连续按【Delete】键可以倒序依次删除紧固点。

4 闭合选区

拖曳鼠标使线条移动至起点，鼠标指针会变为 形状，单击即可闭合选框。

5 复制选区

使用【磁性套索】工具创建了选区后，选择【图层】▶【新建】▶【通过拷贝的图层】命令将选区复制到一个新图层。

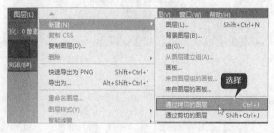

6 替换颜色

选择【图像】▶【调整】▶【替换颜色】命令改变男孩衣服的颜色。

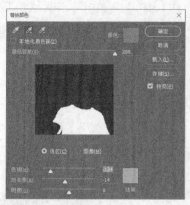

 小提示

在没有使用抓手工具 时，按住空格键后可转换成抓手工具，即可移动视窗内图像的可见范围。
在手形工具上双击鼠标可以使图像以最适合的窗口大小显示，在缩放工具上双击鼠标可使图像以1:1
的比例显示。

3.2.6　使用【魔棒工具】创建选区

使用魔棒工具，同样可以快速地建立选区，并且对选区进行一系列的编辑。使用【魔棒工具】
可以自动地选择颜色一致的区域，不必跟踪其轮廓，特别适用于选择颜色相近的区域。

 小提示

不能在位图模式的图像中使用【魔棒工具】。

1. 使用【魔棒工具】创建选区

1 打开素材	2 选择【魔棒工具】
打开随书光盘中的"素材\ch03\3-9.jpg"文件。 	选择工具箱中的【魔棒工具】 。 

3 选择区域

　　设置【容差】值为25，在图像中单击想要选取的天空颜色，即可选取相近颜色的区域。单击建筑上方的天空区域。所选区域的边界以选框形式显示。

4 加选区域

　　这时可以看见建筑下边有未选择的区域，按住【Shift】键单击该天空区域可以进行加选。

5 设置渐变颜色

　　新建一个图层。为选区填充一个渐变颜色也可以达到更好的天空效果，单击工具栏上的渐变工具▇，然后单击选项栏上的▇▇▇图标，弹出【渐变编辑器】对话框来设置渐变颜色。

小提示

　　这里选择默认的线性渐变，将前景色设置为 R：38、G：123、B：203（深蓝色），背景色设置为 R：212、G：191、B：172（浅粉色），然后使用鼠标从上向下拖曳进行填充，即可得到更好的天空背景。

2. 【魔棒工具】基本参数

　　使用【魔棒工具】时可对以下参数进行设置。

　　（1）【容差】文本框：容差是颜色取样时的范围。数值越大，允许取样的颜色偏差就越大，数值越小，取样的颜色就越接近纯色。在【容差】文本框中可以设置色彩范围，输入值的范围为0~255，单位为"像素"。

（2）【消除锯齿】复选框：用于消除选区Photoshop CC边缘的锯齿。若要使所选图像的边缘平滑，可选择【消除锯齿】复选框。

（3）【连续】复选框：选中连续复选框，点击图像，可见，不和点击处连接的地方没有被选中。【连续】复选框用于选择相邻的区域。若选中【连续】复选框则只能选择具有相同颜色的相邻区域。

不选中【连续】复选框，则可使具有相同颜色的所有区域图像都被选中。

（4）【对所有图层取样】复选框：当图像中含有多个图层时，选中该复选框，将对所有可见图层的图像起作用，没有选中时，Photoshop CC魔棒工具只对当前图层起作用。要在所有可见图层中的图像中选择颜色，则可选择【对所有图层取样】复选框；否则，【魔棒工具】将只能从当前图层中选择图像。如果图片不止一个图层，则可选择【对所有图层取样】复选框。

3.2.7 使用【快速选择工具】创建选区

使用【快速选择工具】可以通过拖动鼠标快速地选择相近的颜色，并且建立选区，【快速选择工具】可以更加方便快捷地进行选取操作。

使用【快速选择工具】创建选区的具体操作如下。

1 打开素材

打开随书光盘中的 "素材\ch03\3-10.jpg" 文件。

2 选择【快速选择工具】

选择工具箱中的【快速选择工具】。

| **3** 选取相近颜色区域 | **4** 调整颜色 |

3 选取相近颜色区域

选择【快速选择工具】，设置合适的画笔大小，在图像中单击想要选取的颜色，即可选取相近颜色的区域。如果需要继续加选，单击选项栏中的按钮后继续单击或者双击进行选取。

4 调整颜色

选择【图像】▶【调整】▶【色相/饱和度】菜单命令，然后按【Ctrl+D】组合键取消选区。调整颜色后画面就更加丰富。

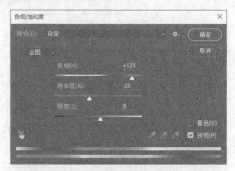

3.2.8 使用【选择】命令选择选区

在【选择】菜单中也包含选择对象的命令，比如选择【选择】▶【全部】菜单命令或者按下【Ctrl+A】组合键，可以选择当前文档边界内的全部图像。

1. 选择全部与取消选择

1 打开素材

打开随书光盘中的"素材\ch03\3-11.jpg"文件。

2 取消选择

选择【选择】▶【全部】菜单命令，选择当前图层中图像的全部。选择【选择】▶【取消选择】菜单命令，取消对当前图层中图像的选择。

2. 重新选择

用户也可以选择【选择】▶【重新选择】菜单命令来重新选择已取消的选项。

3. 反向选择

用户选择【选择】▶【反向】菜单命令，可以选择图像中除选中区域以外的所有区域。

1 打开素材	**2** 选择白色盘子区域
打开随书光盘中的"素材\ch03\3-12.jpg"文件。 	选择【魔棒工具】，然后设置【容差】值为15，选择白色盘子区域。 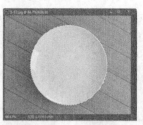

3 反选选区

选择【选择】▶【反向】菜单命令，反选选区从而选中图像中的桌面图像。

 小提示

使用【魔棒工具】时在属性栏中要选中【连续】复选框。

3.2.9 使用【色彩范围】命令创建选区

用户使用【色彩范围】命令可以对图像中的现有选区或整个图像内需要的颜色或颜色子集进行选择。
使用【色彩范围】命令选区图像的具体操作步骤如下。

1 打开素材

打开随书光盘中的"素材\ch03\3-13.jpg"文件，要选择如图所示的纯色背景，选择【选择】▶【色彩范围】菜单命令。

2 进行设置

弹出【色彩范围】对话框，从中选择【图像】或【选择范围】单选按钮，单击图像或预览区选取想要的颜色，然后单击【确定】按钮即可。使用【吸管】工具创建选区，对图像中想要的区域进行取样。如果选不是想要的，可使用【添加到取样】吸管向选区添加色相或使用【从取样中减去】吸管从选区中删除某种颜色。

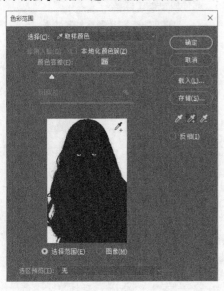

3 调整图像

这样在图像中就建立了与选择的色彩相近的图像选区。建立选区后反选，然后使用【曲线】调整图层后的图像。

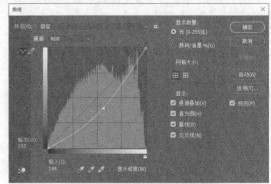

小提示

用户还可以在想要添加到选区的颜色上按【Shift】键并单击【吸管】工具以添加选区。另一种修改选区的方法是在想要从选区删除某种颜色时按【Alt】键并单击【吸管】工具。

3.3 实例2——选区的基本操作

 本节视频教学时间：6分钟

在很多时候建立的选区并不是设计所需要的范围，这时还需要对选区进行修改。可以通过添加或删除像素（使用【Delete】键）或者改变选区范围的方法来修改选区。

下面以【矩形选框工具】为例来介绍选区的基本操作，选择【矩形选框工具】后属性栏上会有相关的参数设置。在使用矩形选框工具时可对【选区的加减】、【羽化】、【样式】选项和【调整边缘】等参数进行设置，【矩形选框工具】的属性栏如下图所示。

所谓选区的运算就是指添加、减去、交集等操作。它们以按钮形式分布在公共栏上，分别是：添加选区、从选区减去、与选区交叉等。

3.3.1 添加选区

添加选区的操作方法如下。

1 创建矩形选区

打开随书光盘中的 "素材\ch03\3-2.jpg" 文件。选择【矩形选框工具】，单击属性栏上的【新选区】按钮（快捷键为M）。在需要选择的图像上拖曳鼠标从而创建矩形选区。

2 添加矩形选区

单击属性栏上的【添加到选区】按钮（在已有选区的基础上，按住【Shift】键）。在需要选择的图像上拖曳鼠标可添加矩形选区。

3 彼此相交的选区

如果彼此相交，则只有一个虚线框出现，如图所示。

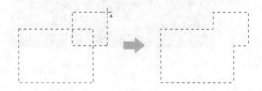

3.3.2 减去选区

减去选区的操作方法如下。

1 减去选区

继续你的实例操作，单击【矩形选框工具】属性栏上的【从选区减去】按钮 ■（在已有选区的基础上按住【Alt】键）。在需要选择的图像上拖曳鼠标可减去选区。

2 形成中空的选区

如果新选区在旧选区里面，则会形成一个中空的选区，如图所示。

3.3.3　交叉选区

交叉选区的操作方法如下。

继续你的实例操作。

单击属性栏上的【与选区交叉】按钮 ■（在已有选区的基础上同时按住【Shift】键和【Alt】键）。在需要选择的图像上拖曳鼠标可创建与选区交叉的选区。

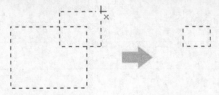

3.3.4 羽化选区

羽化选区的操作方法如下。

1 打开素材

打开随书光盘中的"素材\ch03\3-3.jpg"文件，双击【背景图层】将其转变成普通图层。

2 绘制选区

选择工具箱中的【矩形选框工具】 ，在工具栏中设置【羽化】为"0px"，然后在图像中绘制选区。

3 删除选区内图像

按【Ctrl+ Shift+I】组合键反选选区，按【Delete】键删除选区内的图像，最终效果如图所示。

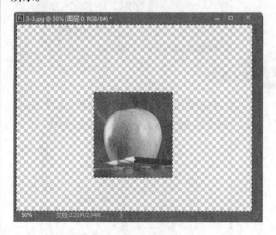

4 设置【羽化】值

重复1~3的步骤，其中设置【羽化】为"10px"时，效果如下图所示。

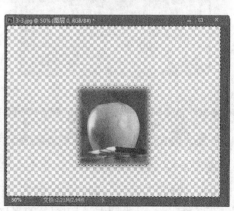

5 设置【羽化】值

重复1~3的步骤，其中设置【羽化】为"30px"时，效果如下图所示。

 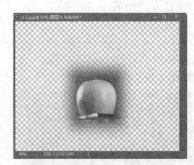

3.3.5 隐藏或显示选区

隐藏或显示选区的操作方法如下。

1 打开素材

打开随书光盘中的"素材\ch03\3-14.jpg"文件。

2 设置【容差】值

选择【魔棒工具】，然后设置【容差】值为35，选择白色背景区域。

3 隐藏选区

按键盘上的【Ctrl+H】键即可将选区隐藏。

4 显示选区

再次按键盘上的【Ctrl+H】键即可将区取显示。

3.4 实例3——选区的编辑

本节视频教学时间：10分钟

用户创建了选区后，有时需要对选区进行深入编辑，才能使选区符合要求。【选择】下拉菜单中的【扩大选取】、【选取相似】和【变换选区】命令可以对当前的选区进行扩展、收缩等编辑操作。

3.4.1 【修改】命令

选择【选择】▶【修改】菜单命令可以对当前选区进行修改，比如修改选区的边界、平滑度、扩展与收缩选区以及羽化边缘等。

1. 修改选区边界

使用【边界】命令可以使当前选区的边缘产生一个边框，其具体操作如下。

1 打开素材

打开随书光盘中的"素材\ch03\3-15.jpg"文件，选择【矩形选框工具】 ，在图像中建立一个矩形边框选区。

2 输入像素值

选择【选择】▶【修改】▶【边界】菜单命令，弹出【边界选区】对话框。在【宽度】文本框中输入"50"像素，单击【确定】按钮。

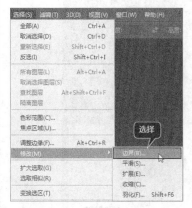

3 制作选区边框

选择【编辑】▶【清除】菜单命令（或按【Delete】键），再按【Ctrl+D】组合键取消选择，制作出一个选区边框。

2. 平滑选区边缘

使用【平滑】命令可以使尖锐的边缘变得平滑，其具体操作如下。

1 创建多边形选区

打开随书光盘中的"素材\ch03\3-16.jpg"文件，然后使用【多边形套索工具】 ▶ 在图像中建立一个多边形选区。

2 选择【平滑】命令

选择【选择】▶【修改】▶【平滑】菜单命令。

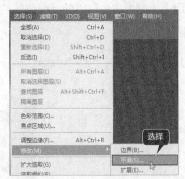

3 输入像素值

弹出【平滑选区】对话框。在【取样半径】文本框中输入"30"像素，然后单击【确定】按钮，即可看到图像的边缘变得平滑了。

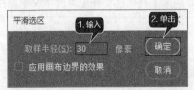

4 删除选区内图像

按【Ctrl+Shift+I】组合键反选选区，按【Delete】键删除选区内的图像，然后按【Ctrl+D】组合键取消选区。此时，一个多角形的相框就制作好了。

3. 扩展选区

用户使用【扩展】命令可以对已有的选区进行扩展，具体操作如下。

1 创建椭圆选区

打开随书光盘中的"素材\ch03\3-17.jpg"文件，然后建立一个椭圆选区。

2 选择【扩展】命令

选择【选择】▶【修改】▶【扩展】菜单命令。

3 输入像素值

弹出【扩展选区】对话框。在【扩展量】文本框中输入"45"像素，然后单击【确定】按钮，即可看到图像的边缘得到了扩展。

4. 收缩选区

用户使用【收缩】命令可以使选区收缩，具体操作如下。

1 选择【收缩】命令

继续上面的例子操作，选择【选择】▶【修改】▶【收缩】菜单命令。

2 输入像素值

弹出【收缩选区】对话框。在【收缩量】文本框中输入"80"像素，然后单击【确定】按钮，即可看到图像边缘得到了收缩。

> **小提示**
>
> 物理距离和像素距离之间的关系取决于图像的分辨率。例如 72 像素 / 英寸图像中的 5 像素距离就比在 300 像素 / 英寸图像中的长。

5. 羽化选区边缘

用户选择【羽化】命令，可以通过羽化使硬边缘变得平滑，其具体操作如下。

1　创建椭圆选区

打开随书光盘中的"素材\ch03\3-18.jpg"文件，选择【椭圆工具】 ◯ ，在图像中建立一个椭圆形选区。

2　选择【羽化】命令

选择【选择】▶【修改】▶【羽化】菜单命令。

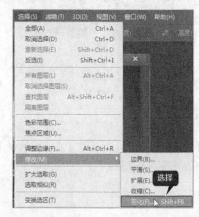

3　输入【羽化半径】值

弹出【羽化选区】对话框。在【羽化半径】文本框中输入数值，其范围是0.2～255，单击【确定】按钮。

4　选择【反向】命令

选择【选择】▶【反向】菜单命令，反选选区。

5　清除选区图像

选择【编辑】▶【清除】菜单命令，按【Crl+D】组合键取消选区。清除反选选区后如下图所示。

> **小提示**
>
> 如果选区小，而羽化半径过大，小选区则可能变得非常模糊，以致于看不到其显示，因此系统会出现【任何像素都不大于50%选择】的提示，此时应减小羽化半径或增大选区大小，或者单击【确定】按钮，接受蒙版当前的设置并创建看不到边缘的选区。

3.4.2 【扩大选取】命令

使用【扩大选取】命令可以选择所有和现有选区颜色相同或相近的相邻像素。

1 创建矩形选区

打开随书光盘中的"素材\ch03\3-19.jpg"文件，选择【矩形选框工具】，在红酒中创建一个矩形选框。

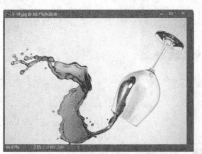

2 选择【扩大选取】命令

选择【选择】➤【扩大选取】菜单命令。

3 多次执行命令

可看到与矩形选框内颜色相近的相邻像素都被选中了。可以多次执行此命令，直至选择了合适的范围为止。

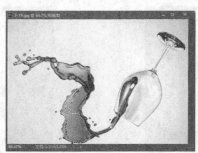

3.4.3 【选取相似】命令

用户使用【选取相似】命令可以选择整个图像中的与现有选区颜色相邻或相近的所有像素，而不只是相邻的像素。

1 创建矩形选区

继续上面的实例。选择【矩形选框工具】，在红酒上创建一个矩形选区。

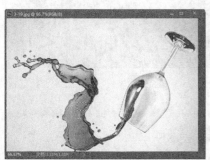

2 选择【选取相似】命令

选择【选择】➤【选取相似】菜单命令。

3 选择所有颜色相近的像素

这样包含于整个图像中的与当前选区颜色相邻或相近的所有像素就都会被选中。

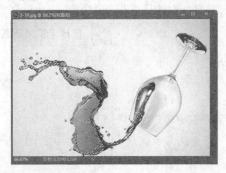

3.4.4 【变换选区】命令

使用【变换选区】命令可以对选区的范围进行变换。

1 创建矩形选区

打开随书光盘中的"素材\ch03\3-20.jpg"文件，选择【矩形选框工具】 ，在其中一张便签纸上用鼠标拖移出一个矩形选框。

2 选择【变换选区】命令

选择【选择】▶【变换选区】菜单命令，或者在选区内单击鼠标右键，从弹出的快捷菜单中选择【变换选区】命令。

3 调整节点

按住【Ctrl】键来调整节点以完整而准确地选取便签纸区域，然后按【Enter】确认。

3.4.5 【存储选区】命令

选区创建之后，用户可以对需要的选区进行管理，具体方法如下。

使用【存储选区】命令可以将制作好的选区进行存储，方便下一次操作。

1 选择戒指选区

打开随书光盘中的"素材\ch03\3-21.jpg"文件，然后选择钻石戒指的选区。

小提示

这里使用磁性套索工具先选择钻石和指环中间的区域，然后使用减去选区选项减选指环中间的区域即可。

2 选择【存储选区】命令

选择【选择】▶【存储选区】菜单命令。

3 输入名称

弹出【存储选区】对话框。在【名称】文本框中输入"钻石戒指选区"，然后单击【确定】按钮。

4 新建通道

此时在【通道】面板中就可以看到新建立的一个名为【钻石戒指选区】的通道。

5 新建通道

如果在【存储选区】对话框中的【文档】下拉列表框中选择【新建】选项，那么就会出现一个新建的【存储文档】通道文件。

3.4.6 【载入选区】命令

将选区存储好以后，就可以根据需要随时载入保存好的选区。

1 选择【载入选区】命令

继续上面的操作步骤，当需要载入存储好的选区时，可以选择【选择】▶【载入选区】菜单命令。

2 【载入选区】对话框

打开【载入选区】对话框。

3 出现存储的通道

此时在【通道】下拉列表框中会出现已经存储好的通道的名称——钻石戒指选区，然后单击【确定】按钮即可。如果选择相反的选区，可勾选【反相】复选框。

举一反三

本实例学习使用【反选】命令、【椭圆选框工具】、【变换选区】命令和【文字工具】制作一张光盘界面设计效果。

1 新建文件

选择【文件】▶【新建】命令来新建一个名称为"光盘界面设计"，大小为120毫米×120毫米、分辨率为200像素，颜色模式为CMYK的文件。

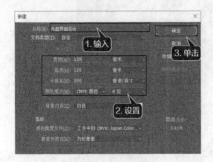

2 创建新图层

在图层面板，单击【创建新图层】按钮，新建图层1。

3 绘制正圆

选择【椭圆选框工具】，在图档中按住【Shift+Alt】组合键来绘制一个正圆，如下图所示。

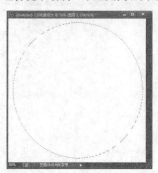

4 设置背景色

在工具箱中单击【设置背景色】按钮，在弹开的【拾色器（背景色）】中设置背景色为灰色（C: 0, M: 0, Y: 0, K: 20）。

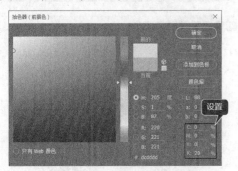

5 填充颜色

按【Ctrl+Delete】组合键填充，效果如图所示。

6 设置【收缩量】

选择【选择】▶【修改】▶【收缩】命令，在【收缩选区】对话框中设置【收缩量】为"10像素"，再单击【确定】按钮。

7 设置背景色

新建图层2，设置背景色为桔黄色（C: 8, M: 55, Y: 100, K: 0）。

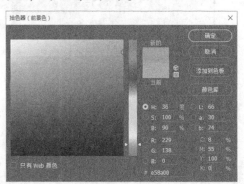

8 填充颜色

按【Ctrl+Delete】组合键填充，效果如图所示。

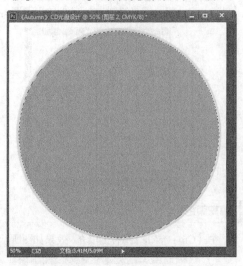

9 调整选区大小

选择【椭圆选框工具】 ，在选区内单击右键，在弹出的快捷菜单中选择【变换选区】命令，来调整选区的大小。

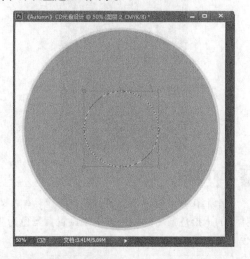

10 效果如图

调整到适当大小后，按【Enter】键确定，效果如图所示。

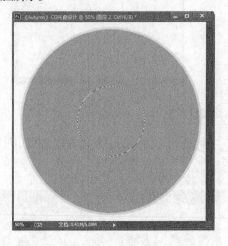

小提示

在调整选区的时候可按住【Shift + Alt】组合键可等比例地放大或缩小选区。

11 新建图层并填充颜色

新建图层3，设置背景色为白色，按【Ctrl+Delete】组合键填充，效果如图所示。

12 删除选区内容

选择【选择】▶【修改】▶【收缩】命令，在【收缩选区】对话框中设置【收缩量】为"10像素"，再单击【确定】按钮，并按【Delete】键删除选区内的内容，效果如图所示。

13 新建图层并填充

执行【变换选区】命令来缩小选区，新建图层4，并将选区填充为白色，效果如图所示。

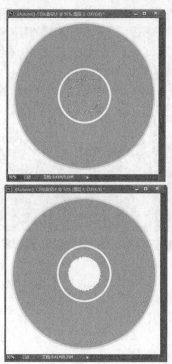

14 创建描边

再次缩小选区，选择【编辑】▶【描边】命令，来描一个灰色的边，具体设置如图所示。

15 打开素材

选择【文件】▶【置入嵌入的智能对象】命令，打开本书配套光盘"光盘\素材\ch04\3-23.jpg文件，使用【移动工具】将线描拖曳到光盘画面中，如图所示。

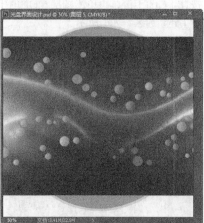

16 进行调整

按住【Ctrl+T】组合键来调整大小和位置，并调整图层顺序，效果如图所示。

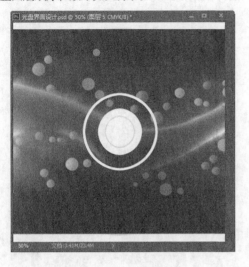

17 设置参数

选择【文字工具】，在【字符】面板中设置如图的各项参数，颜色设置白色。然后在图档中输入"CD"和"design"，小字字号为30点，如图所示。

18 建立选区

按住【Ctrl】键，再单击图层2前面的【图层缩览图】建立选区，如图所示。

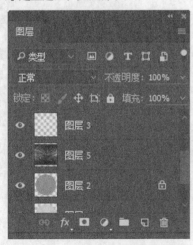

19 删除多余部分

按住【Ctrl+Shift+I】组合键执行反选命令，选择图层5，对图形进行反选，然后按【Delete】键删除多余部分。

完成上面操作，按【Ctrl+S】保存。

高手私房菜

技巧1: 使用【背景橡皮擦工具】配合【磁性套索工具】选取照片中的人物

1 打开素材

打开随书光盘中的"素材\ch04\4-21.jpg"文件。

2 创建选区

选择【磁性套索工具】，在图像中创建如图所示的选区。

3 选择【反选】命令

选择【选择】▶【反选】菜单命令，反选选区。

4 删除所选图像

双击将背景图层转变成普通层，选择【编辑】▶【清除】菜单命令，按【Crl+D】组合键取消选区。清除反选选区后如下图所示。

5 设置参数

单击【背景橡皮擦工具】，在属性栏中设置各项参数，在人物边缘单击。

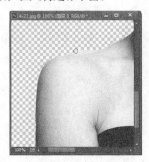

6 清除背景边缘

将背景边缘清除干净后，人物就抠取出来了。

技巧2： 最精确的抠图工具——钢笔工具

适用范围：图像边界复杂，不连续，加工精度高。

方法意图：使用鼠标逐一放置边界点来抠图。

方法缺陷：速度比较慢。

使用方法：

（1）索套建立粗略路径

① 用【索套】工具粗略圈出图形的外框；

② 右键选择【建立工作路径】，容差一般填入"2"。

（2）钢笔工具细调路径

① 选择【钢笔】工具，并在钢笔工具栏中选择第二项"路径"的图标；

② 按住【Ctrl】键不放，用鼠标点住各个节点（控制点），拖动改变位置；

③ 每个节点都有两个弧度调节点，调节两节点之间弧度，使线条尽可能的贴近图形边缘，这是光滑的关键步骤；

④ 增加节点：如果节点不够，可以放开【Ctrl】按键，用鼠标在路径上增加。删除节点：如果节点过多，可以放开【Ctrl】按键，用鼠标移到节点上，鼠标旁边出现"—"号时，点该节点即可删除。

（3）右键【建立选区】，羽化一般填入"0"；

① 按【Ctrl+C】复制该选区；

② 新建一个图层或文件；

③ 在新图层中，按【Ctrl+V】粘贴该选区。

④ 取消选区快捷键：【Ctrl+D】。

第 4 章

图像的绘制与修饰

 本章视频教学时间：1 小时 1 分钟

在 Ptotoshop CC 中不仅可以直接绘制各种图形，还可以通过处理各种位图或矢量图制作出各种图像效果。本章的内容比较简单易懂，读者可以按照实例步骤进行操作，也可以导入自己喜欢的图片进行编辑处理。

【学习目标】

通过本章了解 Photoshop CC 软件的图像的色彩知识和图像的绘制方法，掌握图像绘制和修饰的基本方法。

【本章涉及知识点】

- 色彩基础
- 绘画
- 修复图像
- 润饰图像
- 擦除图像
- 填充与描边

4.1 实例1——色彩基础

 本节视频教学时间：9分钟

色彩是事物外在的一个重要特征，不同的色彩可以传递不同的信息，带来不同的感受。成功的设计师应该有很好的驾驭色彩的能力，Photoshop提供了强大的色彩设置功能。本节将介绍如何在Photoshop中随心所欲地进行颜色的设置。

使用Photoshop CC进行调色，首先要对色彩有一定的基础认识，也要了解可以达到什么样的效果以及不要迷信不同相机的色彩取向——也就是说任何数码相机都可以后期调出理想的色彩。准确的色调也是照片最重要的因素，准确色调的范畴包括：色调（色温）、反差、亮暗部层次、饱和度、色彩平衡等，如果能掌握Photoshop调色手段也就是拥有了一个强大的彩色照片后期数字暗房。

4.1.1 Photoshop色彩基础

颜色模型用数字描述颜色。可以通过不同的方法用数字描述颜色，而颜色模式决定着在显示和打印图像时使用哪一种方法或哪一组数字。Photoshop CC的颜色模式基于颜色模型，而颜色模型对于印刷中使用的图像非常有用。

颜色模式决定显示和打印电子图像的色彩模型（简单说色彩模型是用于表现颜色的一种数学算法），即一幅电子图像用什么样的方式在电脑中显示或打印输出。

常见的颜色模式包括位图模式、灰度模式、双色调模式、HSB（表示色相、饱和度、亮度）模式、RGB（表示红、绿、蓝）颜色模式、CMYK（表示青、洋红、黄、黑）颜色模式、Lab颜色模式、索引颜色模式、多通道模式以及8位/16位/32位通道模式。每种模式的图像描述和重现色彩的原理及所能显示的颜色数量是不同的。Photoshop 的颜色模式基于颜色模型，而颜色模型对于印刷中使用的图像非常有用。它可以从以下模式中选取：RGB、CMYK、Lab和灰度以及用于特殊色彩输出的颜色模式，如索引颜色和双色调。

选择【图像】▶【模式】菜单命令打开【模式】的子菜单，如下图所示。

4.1.2 设置前景色和背景色

前景色和背景色是用户当前使用的颜色，前景色图标表示油漆桶、画笔、铅笔、文字工具和吸管工具在图像中拖动时所用的颜色。在前景色图标下方的就是背景色，背景色表示橡皮擦工具所表示的颜色，简单说背景色就是纸张的颜色，前景色就是画笔画出的颜色。工具箱中包含前景色和背景色的设置选项，它由设置前景色、设置背景色、切换前景色和背景色以及默认前景色和背景色等部分组成。

利用下图中的色彩控制图标可以设置前景色和背景色。

①【设置前景色】按钮：单击此按钮将弹出拾色器来设定前景色，它会影响到画笔、填充命令和滤镜等的使用。

②【设置背景色】按钮：设置背景色和设置前景色的方法相同。

③【默认前景色和背景色】按钮：单击此按钮默认前景色为黑色、背景色为白色，也可以使用快捷键【D】来完成。

④【切换前景色和背景色】按钮：单击此按钮可以使前景色和背景色相互交换，也可以使用快捷键【X】来完成。

用户可以使用以下4种方法来设定前景色和背景色。

（1）单击【设置前景色】或者【设置背景色】按钮，然后在弹出的【拾色器（前景色）】对话框中进行设定。

（2）使用【颜色】面板设定。

（3）使用【色板】面板设定。

（4）使用吸管工具设定。

4.1.3 用拾色器设置颜色

在 Adobe 拾色器中，可以使用四种颜色模型来选取颜色：HSB、RGB、Lab 和 CMYK。使用 Adobe 拾色器可以设置前景色、背景色和文本颜色。

用户可以为不同的工具、命令和选项设置目标颜色。

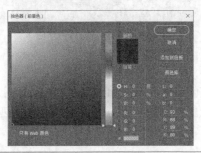

通常使用HSB色彩模型，因为它是以人们对色彩的感觉为基础的。它把颜色分为色相、饱和度和明度3个属性，这样便于观察。

Adobe 拾色器中的色域将显示 HSB 颜色模式、RGB 颜色模式和 Lab 颜色模式中的颜色分量。如果你知道所需颜色的数值，则可以在文本字段中输入该数值。也可以使用颜色滑块和色域来预览要选取的颜色。在使用色域和颜色滑块调整颜色时，对应的数值会相应地调整。颜色滑块右侧的颜色框中的上半部分将显示调整后的颜色，下半部分将显示原始颜色。

在设定颜色时可以拖曳彩色条两侧的三角滑块来设定色相。然后在【拾色器（前景色）】对话框的颜色框中单击鼠标（这时鼠标指针变为一个圆圈）来确定饱和度和明度。完成后单击【确定】按钮即可。也可以在色彩模型不同的组件后面的文本框中输入数值来完成。

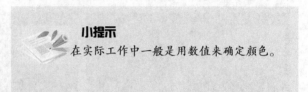

小提示

在实际工作中一般是用数值来确定颜色。

在【拾色器（前景色）】对话框中右上方有一个颜色预览框，分为上下两个部分，上边代表新设定的颜色，下边代表原来的颜色，这样便于进行对比。如果在它的旁边出现了惊叹号，则表示该颜色无法被打印。

如果在【拾色器（前景色）】对话框中选中【只有Web颜色】复选框，颜色则变很少，Web 安全颜色是浏览器使用的 216 种颜色，与平台无关。在 8 位屏幕上显示颜色时，浏览器将图像中的所有颜色更改成这些颜色。216 种颜色是Mac OS 的 8 位颜色调板的子集。只使用这些颜色时，准备的 Web 图片在 256 色的系统上绝对不会出现仿色。

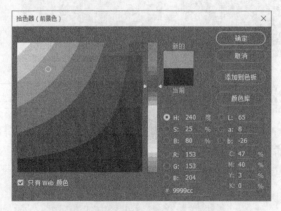

4.1.4 用【颜色】面板设置颜色

【颜色】面板显示当前前景色和背景色的颜色值。使用【颜色】面板中的滑块，可以利用几种不同的颜色模型来编辑前景色和背景色。也可以从显示在面板底部的四色曲线图中的色谱中选取前景色或背景色。

1 调出【颜色】面板	**2** 选择合适的色彩模式和色谱
用户可以通过选择【窗口】▶【颜色】菜单命令或按【F6】键调出【颜色】面板。 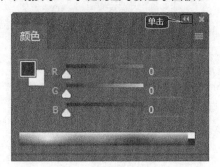	在设定颜色时要单击面板右侧的黑三角，弹出面板菜单，然后在菜单中选择合适的色彩模式和色谱。 

　　CMYK滑块：在CMYK颜色模式中（PostScript打印机使用的模式）指定每个图案值（青色、洋红、黄色和黑色）的百分比。

　　RGB滑块：在RGB颜色模式（监视器使用的模式）中指定0到255（0是黑色，255是纯白色）之间的图素值。

　　HSB滑块：在HSB颜色模式中指定饱和度和亮度的百分数，指定色相为一个与色轮上位置相关的0°到360°之间的角度。

　　Lab滑块：在Lab模式中输入0到100的亮度值（L）和从绿色到洋红的值（－128到＋127以及从蓝色到黄色的值）。

　　Web颜色滑块：Web安全颜色是浏览器使用的216种颜色，与平台无关。在8位屏幕上显示颜色时，浏览器会将图像中的所有颜色更改为这些颜色，这样可以确保为Web准备的图片在256色的显示系统上不会出现仿色。可以在文本框中输入颜色代号来确定颜色。

　　单击面板前景色或背景色按钮来确定要设定的或者更改的是前景色还是背景色。

　　接着可以通过拖曳不同色彩模式下不同颜色组件中的滑块来确定色彩。也可以在文本框中输入数值来确定色彩，其中，在灰度模式下，文本框中可以输入不同的百分比来确定颜色。

　　当把鼠标指针移至面板下方的色条上时，指针会变为吸管工具。这时单击，同样可以设定需要的颜色。

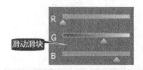

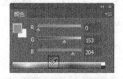

4.1.5　用【色板】设置颜色

　　【色板】面板可存储用户经常使用的颜色，也可以在面板中添加或删除颜色，或者为不同的项目显示不同的颜色库。选择【窗口】▶【色板】菜单命令即可打开【色板】面板。

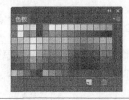

（1）色标：在它上面单击可以把该色设置为前景色。

如果在色标上面双击则会弹出【色板名称】对话框，从中可以为该色标重新命名。

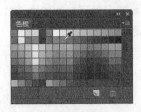 

（2）创建前景色的新色板：单击此按钮可以把常用的颜色设置为色标。

（3）删除色标：选择一个色标，然后拖曳到该按钮上可以删除该色标。

4.1.6　用【吸管工具】设置颜色

吸管工具采集色样以指定新的前景色或背景色。用户可以从现用图像或屏幕上的任何位置采集色样。选择【吸管工具】 在所需要的颜色上单击，可以把同一图像中不同部分的颜色设置为前景色，也可以把不同图像中的颜色设置为前景色。

Photoshop CC工具箱吸管工具属性栏如图所示。

取样大小：单击选项栏中的【取样大小】选项的下三角按钮，可弹出下拉菜单，在其中可选择要在怎样的范围内吸取颜色。

样本：如一副Photoshop CC图像文件有很多图层，【所有图层】表示在Photoshop CC图像中点击取样点，取样得到的颜色为所有的图层。

显示取样环：复选显示取样环。在Photoshop CC图像中单击取样点时出现取样环。

① 处所指为当前取样点颜色。

② 处所指为上一次取样点颜色。

4.2　实例2——绘画

 本节视频教学时间：5分钟

掌握画笔的使用方法，不仅可以绘制出美丽的图画，而且还可以为其他工具的使用打下基础。

4.2.1　使用【画笔】工具：柔化皮肤效果

在Photoshop CC工具箱中单击画笔工具按钮，或按快捷键【Shift+B】可以选择画笔工具，使用画笔工具可绘出边缘柔软的画笔效果，画笔的颜色为工具箱中的前景色。

画笔工具是工具中较为重要及复杂的一款工具。运用非常广泛，鼠绘爱好者可以用来绘画，日常中我们可以下载一些自己的笔刷来装饰画面等。

在Ptotoshop CC中使用【画笔】工具配合图层蒙版可以对人物的脸部皮肤进行柔化处理，具体操作如下。

1 打开素材

选择【文件】▶【打开】命令，打开"光盘\素材\ch04\4-1.jpg"图像。

2 进行高斯模糊

复制背景图层的副本。对【背景 拷贝】图层进行高斯模糊。选择【滤镜】▶【模糊】▶【高斯模糊】命令，打开高斯模糊对话框，设置半径为3个像素的模糊。

3 添加黑色蒙版

按住【Alt】键，单击【图层】调板中的【添加图层蒙版】按钮◻，可以向图层添加一个黑色蒙版，并将显示下面图层的所有像素。

4 选择柔和边缘笔尖

选择【背景 拷贝】图层蒙版图标，然后选择【画笔】工具✎。选择柔和边缘笔尖，从而不会留下破坏已柔化图像的锐利边缘。

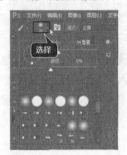

5 绘制白色

在模特面部的皮肤区域绘制白色，但不在想要保留细节的区域(如模特的颜色、嘴唇、鼻孔和牙齿)绘制颜色。如果不小心在不需要蒙版的区域填充了颜色，可以将前景切换为黑色，绘制该区域以显示下面图层的锐利边缘。在工作流程的此阶段，图像是不可信的，因为皮肤没有显示可见的纹理。

6 设置不透明度

在【图层】调板中，将【背景 拷贝】图层的【不透明度】值设置为80。此步骤将纹理填加回皮肤，但保留了柔化。

7 合并图层

最后合并图层，使用【曲线】命令调整图像的整体亮度和对比度即可。

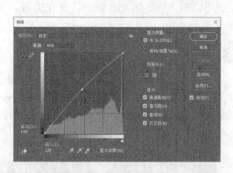 

【画笔工具】是直接使用鼠标进行绘画的工具。绘画原理和现实中的画笔相似。
选中【画笔工具】，其属性栏如下图所示。

 小提示

在使用【画笔工具】过程中，按住【Shift】键可以绘制水平、垂直或者以45°为增量角的直线；如
果在确定起点后，按住【Shift】键单击画布中任意一点，则两点之间以直线相连接。

（1）更改画笔的颜色
通过设置前景色和背景色可以更改画笔的颜色。
（2）更改画笔的大小
在画笔属性栏中单击画笔后面的三角会弹出【画笔预设】选取器，如下图所示。在【大小】文本
框中可以输入1~2500像素的数值或者直接通过拖曳滑块来更改画笔直径。也可以通过快捷键更改画笔
的大小：按【[】键缩小，按【]】键可放大。

（3）更改画笔的硬度
可以在【画笔预设】选取器中的【硬度】文本框中输入0%~100%的数值或者直接拖曳滑块更改
画笔硬度。硬度为0%的效果和硬度为100%的效果如下图所示。

（4）更改笔尖样式
在【画笔预设】选取器中可以选择不同的笔尖样式，如下图所示。

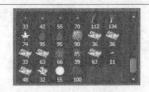

（5）设置画笔的混合模式

在画笔的属性栏中通过【模式】选项可以选择绘画时的混合模式（关于混合模式将在第10章中详细讲解）。

（6）设置画笔的不透明度

在画笔的属性栏中的【不透明度】参数框中可以输入1%~100%的数值来设置画笔的不透明度。不透明度为20%时的效果和不透明度为100%时的效果分别如下图所示。

（7）设置画笔的流量

流量控制画笔在绘画中涂抹颜色的速度。在【流量】参数框中可以输入1%~100%的数值来设定绘画时的流量。流量为20%时的效果和流量为100%时的效果分别如下图所示。

（8）启用喷枪功能

喷枪功能是用来制造喷枪效果的。在画笔属性栏中单击图标，图标反白时为启动，图标灰色则表示取消该功能。

4.2.2 使用【历史记录画笔工具】：恢复图像色彩

Photoshop CC历史记录画笔工具主要作用是将部分图像恢复到某一历史状态，可以形成特殊的图像效果。

历史记录画笔工具必须与历史记录面板配合使用，它用于恢复操作，但不是将整个图像都恢复到以前的状态，而是对图像的部分区域进行恢复，因而可以对图像进行更加细微的控制。

下面通过制作局部为色彩图像来学习【历史记录画笔工具】方法。

1 打开素材

打开随书光盘中的"素材\ch04\4-2.jpg"文件。

2 选择【黑白】命令

选择【图像】▶【调整】▶【黑白】菜单命令，在弹出的【黑白】对话框中单击【确定】按钮，将图像调整为黑白颜色。

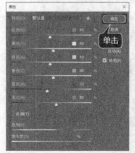

3 选择【历史记录】命令

选择【窗口】▶【历史记录】菜单命令，在弹出的【历史记录】对话框中单击【黑白】以设置【历史记录画笔的源】图标 所在位置，将其作为历史记录画笔的源图像。

4 设置画笔

选择【历史记录画笔工具】 ，在属性栏中设置画笔大小为：30，模式为：正常，不透明度为：100%，流量为：100%。

小提示

在绘制的过程中可根据需要调整画笔的大小。

5 恢复礼物袋的色彩

在图像的红色礼物袋部分进行涂抹以恢复礼物袋的色彩。

4.2.3 使用【历史记录艺术画笔工具】：制作粉笔画

【历史记录艺术画笔工具】也可以将指定的历史记录状态或快照用作源数据。但是，历史记录画笔是通过重新创建指定的源数据来绘画，而历史记录艺术画笔在使用这些数据的同时，还可以应用不同的颜色和艺术风格。

下面通过使用【历史记录艺术画笔工具】将图像处理成特殊效果。

1 打开素材

打开随书光盘中的"素材\ch04\4-3.jpg"文件。

2 新建图层

在【图层】面板的下方单击【创建新图层】按钮 ，新建【图层1】图层。

3 设置颜色

双击工具箱中的【设置前景色】按钮 ，在弹出的【拾色器（前景色）】对话框中设置颜色为灰色（C：0，M：0，Y：0，K：10），然后单击【确定】按钮。

5 设置参数

选择【历史记录艺术画笔工具】 ，在属性栏中设置参数，如下图所示。

4 填充前景色

按【Alt+Delete】组合键为【图层1】图层填充前景色。

6 指定恢复位置

选择【窗口】▶【历史记录】菜单命令，在弹出的【历史记录】面板中的【打开】步骤前单击，指定图像被恢复的位置。

7 进行图像的恢复

将鼠标指针移至画布中单击并拖动鼠标进行图像的恢复，创建类似粉笔画的效果，如下图所示。

4.3 实例3——修复图像

 本节视频教学时间：14分钟

用户可以通过Ptotoshop CC所提供的命令和工具对不完美的图像进行修复，使之符合工作的要求或审美情趣。这些工具包括图章工具、修补工具和修复画笔工具等。

4.3.1 变换图形：制作辣椒文字特效

【自由变换】是功能强大的制作手段之一，熟练掌握它的用法会给工作带来莫大的方便。 对于大小和形状不符合要求的图片和图像可以使用【自由变换】命令对其进行调整。选择要变换的图层或选区，执行【编辑】➤【自由变换】菜单命令或使用快捷键【Ctrl+T】，图形的周围会出现具有8个定界点的定界框，用鼠标拖曳定界点即可变换图形。在自由变换状态下可以完成对图形的缩放、旋转、扭曲、斜切和透视等操作。

1 打开素材

打开随书光盘中的 "素材\ch04\4-4.jpg和4-5.jpg" 文件。

2 选择辣椒图像

使用【磁性套索工具】选择图像4-5上的辣椒图像，然后拖到石头背景图像上。

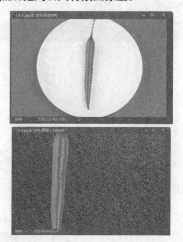

3 变换图形

执行【编辑】➤【自由变换】菜单命令或使用快捷键【Ctrl+T】，辣椒图形的周围会出现具有8个定界点的定界框，用鼠标拖曳定界点即可变换图形，调整大小和位置。

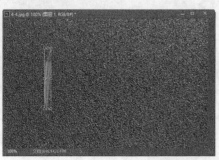

4 多次复制辣椒图层

多次复制辣椒图层，执行【编辑】➤【自由变换】菜单命令，调整大小和位置。

5 合并所有图层

合并所有复制的辣椒图层，在图层面板上位其添加【投影】图层样式，最终效果如图所示。

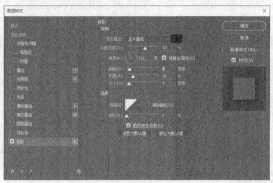

【自由变换】相关参数设置

选择【编辑】➤【自由变换】菜单命令或使用快捷键【Ctrl+T】后，在属性栏中将出现如图所示的属性栏。

【参考点位置】按钮 ：所有变换都围绕一个称为参考点的固定点执行。默认情况下，这个点位于你正在变换的项目的中心。此按钮中有9个小方块，单击任一方块即可更改对应的参考点。

【X】（水平位置）和【Y】（垂直位置）参数框：输入参考点的新位置的值也可以更改参考点。

【相关定位】按钮△：单击此按钮可以相对于当前位置指定新位置；【W】、【H】参数框中的数值分别表示水平和垂直缩放比例，在参数框中可以输入0%～100%的数值进行精确的缩放。

【链接】按钮 ：单击此按钮可以保持在变换时图像的长宽比不变。

【旋转】按钮△：在此参数框中可指定旋转角度。【H】、【V】参数框中的数值分别表示水平斜切和垂直斜切的角度。

在属性栏中还包含以下三个按钮： 表示在自由变换和变形模式之间切换； ✔ 表示应用变换；
 表示取消变换，单击【Esc】键也可以取消变换。

小提示

在 Photoshop 中【Shift】键是一个锁定键，它可以锁定水平、垂直、等比例和 15° 等。

可以利用关联菜单实现变换效果。在自由变换状态下的图像中右击，弹出的菜单称为关联菜单。在该菜单中可以完成自由变换、缩放、旋转、扭曲、斜切、透视、旋转180°、顺时针旋转90°、逆时针旋转90°、水平翻转和垂直翻转等操作。

4.3.2 仿制图章工具：制作海底鱼群效果

【仿制图章工具】 ![icon] 可以将一幅图像的选定点作为取样点，将该取样点周围的图像复制到同一图像或另一幅图像中。仿制图章工具也是专门的修图工具，可以用来消除人物脸部斑点、背景部分不相干的杂物、填补图片空缺等。使用方法：选择这款工具，在需要取样的地方按住【Alt】键取样，然后在需要修复的地方涂抹就可以快速消除污点等，同时我们也可以在属性栏调节笔触的混合模式、大小、流量等更为精确的修复污点。

下面通过复制图像来学习【仿制图像工具】的使用方法。

1 打开素材	**2 定义取样点**
打开随书光盘中的"素材\ch04\4-6.jpg"文件。 	选择【仿制图章工具】 ![icon]，把鼠标指针移动到想要复制的图像上，按住【Alt】键，这时指针会变为 ⊕ 形状，单击鼠标即可把鼠标指针落点处的像素定义为取样点。 
3 拖曳鼠标	**4 多次取样复制**
在要复制的位置单击或拖曳鼠标即可。 	多次取样多次复制，直至画面饱满。 

4.3.3 图案图章工具：制作特效背景

【图案图章工具】有点类似图案填充效果，使用工具之前我们需要定义好想要的图案，然后适当设置好Photoshop CC属性栏的相关参数如：笔触大小、不透明度、流量等。然后在画布上涂抹就可以出现想要的图案效果。绘出的图案会重复排列。

下面通过绘制图像来学习【图案图章工具】的使用方法。

1 打开素材

打开随书光盘中的"素材\ch04\4-7.psd"文件。

2 选择图案

选择【图案图章工具】，并在属性栏中单击【点按可打开"图案"拾色器】按钮，在弹出的菜单中选择"树叶图案纸"图案。

小提示

如果读者没有"嵌套方块"图案，可以单击面板右侧的 按钮，在弹出的菜单中选择【图案】选项进行加载。

3 拖曳鼠标

在需要填充图案的位置单击或拖曳鼠标即可。

4.3.4 修复画笔工具：去除皱纹

【修复画笔工具】的工作方式与污点修复画笔工具类似，不同的是【修复画笔工具】必须从图像中取样，并在修复的同时将样本像素的纹理、光照、透明度和阴影与源像素进行匹配，从而使修复后的像素不留痕迹的融入图像的其余部分。

【修复画笔工具】可用于消除并修复瑕疵，使图像完好如初。与【仿制图章工具】一样，使用【修复画笔工具】可以利用图像或图案中的样本像素来绘画。但是【修复画笔工具】可将样本像素的纹理、光照、透明度和阴影等与源像素进行匹配，从而使修复后的像素不留痕迹地融入图像的其他部分。

1. 【修复画笔工具】相关参数设置

【修复画笔工具】的属性栏中包括【画笔】设置项、【模式】下拉列表框、【源】选项区和【对齐】复选框等。

【画笔】设置项：在该选项的下拉列表中可以选择画笔样本。

【对齐】复选框：勾选该项会对像素进行连续取样，在修复过程中，取样点随修复位置的移动而变化。取消勾选，则在修复过程中始终以一个取样点为起始点。

【模式】下拉列表：其中的选项包括【替换】、【正常】、【正片叠底】、【滤色】、【变暗】、【变亮】、【颜色】和【亮度】等。

【源】选项区：在其中可选择【取样】或者【图案】单选项。按下【Alt】键定义取样点，然后才能使用【源】选项区。选择【图案】单选项后要先选择一个具体的图案，然后使用才会有效果。

2. 使用【修复画笔工具】修复照片

1 打开素材	**2** 创建副本
选择【文件】➤【打开】命令，打开"光盘\素材\ch06\6-8.jpg"图像。 	创建背景图层的副本。 

3 选择【修复画笔】工具

选择【修复画笔】工具 ✐。确保选中【选项】栏中的【对所有图层取样】复选框，并确保画笔略宽于要去除的皱纹，而且该画笔足够柔和，能与未润色的边界混合。

4 选择干净区域	**5** 覆盖全部皱纹
按【Alt】键并单击皮肤中与要修复的区域具有类似色调和纹理的干净区域。选择无瑕疵的区域作为目标；否则【修复画笔】工具不可避免地将瑕疵应用到目标区域。 	在要修复的皱纹上拖动工具。确保覆盖全部皱纹，包括皱纹周围的所有阴影，覆盖范围要略大于皱纹。继续这样操作直到去除所有明显的皱纹。是否要在来源中重新取样，取决于需要修复的瑕疵数量。 

小提示

在本例中，可以对任务面颊中的无瑕疵区域取样。

小提示

如果无法在皮肤上找到作为修复来源的无瑕疵区域，请打开具有较不干净皮肤的人物照。其中包含与要润色图像中的人物具有相似色调和纹理的皮肤。将第二个图像作为新图层复制到要润色的图像中。解除背景图层的锁定，将其拖动新图层的上方。确保【修复画笔】工具设置为【对所有图层取样】。按【Alt】键并单击新图层中干净皮肤的区域。使用【修复画笔】工具去除对象的皱纹。

4.3.5 污点修复画笔工具：去除雀斑

使用【污点修复画笔工具】，自动将需要修复区域的纹理、光照、透明度和阴影等元素与图像自身进行匹配，快速修复污点。

快速移去图像中的污点，污点修复画笔工具取样图像中某一点的图像，将该点的图像修复到当前要修复的位置，并将取样像素的纹理、光照、透明度和阴影与所修复的像素相匹配，从而达到自然的修复效果。

1 打开素材

打开随书光盘中的"素材\ch04\4-9.jpg"文件。

2 设置参数

选择【污点修复画笔工具】，在属性栏中设定各项参数保持不变（画笔大小可根据需要进行调整）。

3 修复斑点

将鼠标指针移动到污点上，单击鼠标即可修复斑点。

4 修复其他斑点

修复其他斑点区域，直至图片修饰完毕。

4.3.6 修补工具：去除照片瑕疵

使用Photoshop CC修补工具可以用其他区域或图案中的像素来修复选中的区域。修补工具是较为精确的修复工具。使用方法：选择这款工具把需要修复的部分圈选起来，这样我们就得到一个选区，把鼠标仿制在选区上面后按住鼠标左键拖动就可以修复。同时在Photoshop CC属性栏上，我们可以设置相关的属性，可同时选取多个选区进行修复，极大方便我们操作。

1 打开素材	**2** 设置修补
打开随书光盘中的 "素材\ch04\4-10.jpg" 文件。 	选择【修补工具】🔘，在属性栏中设置修补为：源。
3 修复瑕疵	**4** 修复其他区域
在需要修复的位置绘制一个选区，将鼠标指针移动到选区内，再向周围没有瑕疵的区域拖曳来修复瑕疵。 	修复其他瑕疵区域，直至图片修饰完毕。 

4.4 实例4——润饰图像

本节视频教学时间：10分钟

用户可以通过Ptotoshop CC所提供的命令和工具对不完美的人物图像进行润饰，使之符合自己的要求或审美情趣。这些工具包括红眼工具、模糊工具、锐化工具和涂抹工具等。

4.4.1 红眼工具：消除照片上的红眼

【红眼工具】是专门用来消除人物眼睛因灯光或闪光灯照射后瞳孔产生的红点，白点等反射光点。

小提示

红眼是由于相机闪光灯在主体视网膜上反光引起的。在光线暗淡的条件下照相时，由于主体的虹膜张开得很宽，更加明显地出现红眼现象。因此在照相时，最好使用相机的红眼消除功能，或者使用远离相机镜头位置的独立闪光装置。

1. 【红眼工具】相关参数设置

选择【红眼工具】 后的属性栏如下图所示。

【瞳孔大小】设置框：设置瞳孔（眼睛暗色的中心）的大小。

【变暗量】设置框：设置瞳孔的暗度。

2. 修复一张有红眼的照片

1 打开素材	**2** 单击红眼区域
打开随书光盘中的"素材\ch04\4-11.jpg"文件，选择【红眼工具】 ，设置其参数。	单击照片中的红眼区域可得到如下图所示的效果。

4.4.2 模糊工具：制作景深效果

【模糊工具】 一般用于柔化图像边缘或减少图像中的细节，使用模糊工具涂抹的区域，图像会变模糊。从而使图像的主体部分变得更清晰。模糊工具主要通过柔化图像中的突出的色彩和僵硬的边界，从而使图像的色彩过度平滑，产生模糊图像效果。使用方法，先选择这款工具，在属性栏设置相关属性，主要是设置笔触大小及强度大小，然后在需要模糊的部分涂抹即可，涂抹的越久涂抹后的效果越模糊。

1. 【模糊工具】相关参数设置

选择【模糊工具】后的属性栏如下。

【画笔】设置项：用于选择画笔的大小、硬度和形状。

【模式】下拉列表：用于选择色彩的混合方式。

【强度】设置框：用于设置画笔的强度。

【对所有图层取样】复选框：选中此复选框，可以使模糊工具作用于所有层的可见部分。

2. 使用【模糊工具】模糊背景

1 打开素材

　　打开随书光盘中的"素材\ch04\4-12.jpg"文件，选择【模糊工具】💧，设置模式为正常，强度为100%。

2 拖曳鼠标

　　按住鼠标左键在需要模糊的背景上拖曳鼠标即可。

4.4.3　锐化工具：实现图像清晰化效果

　　【锐化工具】▲作用与模糊工具相反，通过锐化图像边缘来增加清晰度，使模糊的图像边缘变得清晰。锐化工具用于增加图像边缘的对比度，以达到增强外观上的锐化程度的效果，简单的说，就是使用锐化工具能够使Photoshop CC图像看起来更加清晰，清晰的程度同样与在工具选项栏中设置的强度有关。

　　下面通过将模糊图像变为清晰图像来学习【锐化工具】的使用方法。

1 打开素材

　　打开随书光盘中的"素材\ch04\4-13.jpg"文件，选择【锐化工具】▲，设置模式为正常，强度为50%。

2 拖曳鼠标

　　按住鼠标左键在五官上进行拖曳即可。

4.4.4　涂抹工具：制作火焰效果

　　使用【涂抹工具】✋可以模拟手指绘图在图像中产生流动的效果，被涂抹的颜色会沿着拖动鼠标的方向将颜色进行展开。这款工具效果有点类似用刷子在颜料没有干的油画上涂抹，会产生刷子划过的痕迹。涂抹的起始点颜色会随着涂抹工具的滑动延伸。这款工具操作起来不难，不过运用非常广泛工具，可以用来修正物体的轮廓，制作火焰字的时候可以用来制作火苗，美容的时候还可以用来磨皮，再配合一些路径可以制作非常潮流的彩带等。

1. 【涂抹工具】的参数设置

选择【涂抹工具】后的属性栏如下。

选中【手指绘画】复选框后可以设定涂痕的色彩，就好像用蘸上色彩的手指在末干的油墨上绘画一样。

2. 制造火焰效果

1 打开素材	**2** 拖曳鼠标
打开随书光盘中的"素材\ch04\4-14.jpg"文件，选择【涂抹工具】，各项参数保持不变，可根据需要更改画笔的大小。 	按住鼠标左键在火焰边缘上进行拖曳即可。 

4.4.5 加深和减淡工具：加强照片对比效果

【减淡工具】可以快速增加图像中特定区域的亮度，表现出发亮的效果。这款工具可以把图片中需要变亮或增强质感的部分颜色加亮。通常情况下，我们选择中间调范围，曝光度较低数值进行操作。这样涂亮的部分过渡会较为自然。

【加深工具】跟减淡工具刚好相反，通过降低图像的曝光度来降低图像的亮度。这款工具主要用来增加图片的暗部，加深图片的颜色。可以用来修复一些过曝的图片，制作图片的暗角，加深局部颜色等。这款工具跟减淡工具搭配使用效果会更好。

选择【加深工具】后的属性栏如下。

（1）【减淡工具】和【加深工具】的参数设置

①【范围】下拉列表：有以下选项。

暗调：选中后只作用于图像的暗调区域。

中间调：选中后只作用于图像的中间调区域。

高光：选中后只作用于图像的高光区域。

②【曝光度】设置框：用于设置图像的曝光强度。

建议使用时先把【曝光度】的值设置得小一些，一般情况选择15%比较合适。

（2）对图像的中间调进行处理从而突出背景

1 打开素材	**2 更改画笔大小**
打开随书光盘中的"素材\ch04\4-15.jpg"文件。	选择【减淡工具】 ，保持各项参数不变，可根据需要更改画笔的大小。
3 进行涂抹	**4 涂抹人物**
按住鼠标左键在背景处进行涂抹。	同理使用【加深工具】 来涂抹人物。

小提示

在使用【减淡工具】时，如果同时按【Alt】键可暂时切换为【加深工具】。同样在使用【加深工具】时，如果同时按【Alt】键则可暂时切换为【减淡工具】。

4.4.6 海绵工具：制作夸张艺术效果

【海绵工具】 用于增加或降低图像的饱和度，类似于海绵吸水的效果，从而为图像增加或减少光泽感。当图像为灰度模式时，该工具通过使灰阶远离或靠近中间灰色来增加或降低对比度。在较色的时候经常用到。如图片局部的色彩浓度过大，可以用降低饱和度模式来减少颜色。同时图片局部颜色过淡的时候，可以用增加饱和度模式来加强颜色。这款工具只会改变颜色，不会对图像造成任何损害。

选择【海绵工具】后的属性栏如下。

1. 【海绵工具】工具参数设置

在【模式】下拉列表中可以选择【降低饱和度】选项以降低色彩饱和度，选择【饱和度】选项以提高色彩饱和度。

2. 使用【海绵工具】制作艺术画效果

1 打开素材

打开随书光盘中的 "素材\ch04\4-16.jpg" 文件。

2 更改画笔大小

选择【海绵工具】，设置模式为【加色】，其他参数保持不变，可根据需要更改画笔的大小。

3 进行涂抹

按住鼠标左键在图像上进行涂抹。

4 选择【去色】选项

在属性栏的【模式】下拉列表中选择【去色】选项，再涂抹背景即可。

4.5 实例5——擦除图像

本节视频教学时间：5分钟

使用橡皮擦工具在图像中涂抹，如果图像为背景图层则涂抹后的色彩默认为背景色；其下方有图层则显示下方图层的图像。选择工具箱中的橡皮擦工具后，在其工具选项栏中可以设置笔刷的大小和硬度，硬度越大，绘制出的笔迹边缘越锋利。

如擦除人物图片的背景等。没有新建图层的时候，擦除的部分默认是背景颜色或透明的。同时可以在属性栏设置相关的参数，如模式、不透明度、流量等可以更好的控制擦除效果。跟Photoshop CC画笔有点类似，这款工具还可以配合蒙版来用。

4.5.1 橡皮擦工具：制作图案叠加的效果

使用【橡皮擦工具】，可以通过拖动鼠标来擦除图像中的指定区域。

1. 【橡皮擦工具】 ✐ 的参数设置

选择【橡皮擦工具】后的属性栏如下。

【画笔】选项：对橡皮擦的笔尖形状和大小进行设置，与【画笔工具】的设置相同，这里不再赘述。

【模式】下拉列表中有以下3种选项：【画笔】、【铅笔】和【块】模式。

2. 制作一张图案叠加的效果

1 打开素材	**2 拖曳素材**
打开随书光盘中的"素材\ch04\4-17.jpg"和"素材\ch04\4-18.jpg"文件。 	选择【移动工具】 ✛ 将"4-18"素材拖曳到"4-17"素材中，并调整其大小和位置。 
3 进行涂抹	**4 设置不透明度值**
选择【橡皮擦工具】 ✐ ，保持各项参数不变，设置画笔的硬度为0，画笔的大小可根据涂抹时的需要进行更改。按住鼠标左键在帆船图片所在位置进行涂抹，涂抹后的效果如下图所示。 	设置图层的【不透明度值】为60，最终效果如下图所示。 

4.5.2　背景橡皮擦工具：擦除背景颜色

【背景橡皮擦工具】 ✐ 是一种可以擦除指定颜色的擦除器，这个指定颜色叫做标本色，表现为背景色。【背景橡皮擦工具】只擦除了白色区域。其擦除的功能非常灵活，在一些情况下可以达到事半功倍的效果。

选择【背景橡皮擦工具】后的属性栏如下。

（1）【画笔】设置项：用于选择形状。

（2）【限制】下拉列表：用于选择背景橡皮擦工具的擦除界限，包括以下3个选项。

①不连续：在选定的色彩范围内可以多次重复擦除。

②连续：在选定的标本色内不间断地擦除。

③查找边界：在擦除时保持边界的锐度。

（3）【容差】设置框：可以输入数值或者拖曳滑块进行调节。数值越低，擦除的范围越接近标本色。大的容差值会把其他颜色擦成半透明的效果。

（4）【保护前景色】复选框：用于保护前景色，使之不会被擦除。

（5）【取样】设置：用于选取标本色方式的选择设置，有以下3种。

① 连续：单击此按钮，擦除时会自动选择所擦的颜色为标本色。此选项用于抹去不同颜色的相邻范围。在擦除一种颜色时，【背景橡皮擦工具】不能超过这种颜色与其他颜色的边界而完全进入另一种颜色，因为这时已不再满足相邻范围这个条件。当【背景橡皮擦工具】完全进入另一种颜色时，标本色即随之变为当前颜色，也就是说当前所在颜色的相邻范围为可擦除的范围。

② 一次：单击此按钮，擦除时首先在要擦除的颜色上单击以选定标本色，这时标本色已固定，然后就可以在图像上擦除与标本色相同的颜色范围。每次单击选定标本色只能做一次不间断的擦除，如果要继续擦除则必须重新单击选定标本色。

③ 背景色板：单击此按钮即选定好背景色，即标本色，然后就可以擦除与背景色相同的色彩范围。

在Photoshop中是不支持背景层有透明部分的，而【背景橡皮擦工具】则可直接在背景层上擦除，因此擦除后Ptotoshop CC会自动地把背景层转换为一般层。

4.5.3 魔术橡皮擦工具：擦除背景

【魔术橡皮擦工具】 有点类似魔棒工具，不同的是魔棒工具是用来选取图片中颜色近似的色块。魔术橡皮擦工具则是擦除色块。这款工具使用起来非常简单，只需要在Photoshop CC属性栏设置相关的容差值，然后在相应的色块上面用鼠标左键单击即可擦除。

（1）【魔术橡皮擦工具】的参数设置

选择【魔术橡皮擦工具】后的属性栏如下。

【容差】文本框：输入容差值以定义可抹除的颜色范围。低容差会抹除颜色值范围内与点击像素非常相似的像素. 高容差会抹除范围更广的像素。魔术橡皮擦工具与魔棒工具选取原理类似，可以通过设置容差的大小确定删除范围的大小，容差越大删除范围越大；容差越小，删除范围越小。

【消除锯齿】复选框：选择【消除锯齿】可使抹除区域的边缘平滑。

【连续】复选框：选中该复选框，可以只擦除相邻的图像区域；未选中该复选框时，可将不相邻的区域也擦除。

【对所有图层取样】复选框：选择【对所有图层取样】，以便利用所有可见Photoshop cs6图层中的组合数据来采集抹除色样。

【不透明度】参数框：指定不透明度以定义抹除强度。 100% 的不透明度将完全抹除像素。 较低的不透明度将部分抹除像素。

（2）使用【魔术橡皮擦工具】擦除背景

1 打开素材

打开随书光盘中的"素材\ch04\4-19.jpg"文件，选择【魔术橡皮擦工具】 ，设置容差值为32，不透明度为100%。

2 清除相连相似的背景

在紧贴人物的背景处单击，此时可以看到已经清除了相连相似的背景。

4.6 实例6——填充与描边

本节视频教学时间：8分钟

填充与描边在Photoshop中是一个比较简单的操作，但是利用填充与描边可以为图像制作出美丽的边框、文字的衬底、填充一些特殊的颜色等让人意想不到的图像处理效果。本节就来讲解一下使用Photoshop中的【油漆桶工具】和【描边】命令为图像增添特殊效果。

4.6.1 渐变工具：绘制香烟图像

Photoshop CC渐变工具用来填充渐变色，如果不创建选区，渐变工具将作用于整个图像。此工具的使用方法是按住鼠标左键拖曳，形成一条直线，直线的长度和方向决定了渐变填充的区域和方向，拖曳鼠标的同时按住【Shift】键可保证鼠标的方向是水平、竖直或45°。

选择【渐变工具】后的属性栏如下。

（1）【点按可编辑渐变】：选择和编辑渐变的色彩，是渐变工具最重要的部分，通过它能够看出渐变的情况。

（2）渐变方式包括线性渐变、径向渐变、角度渐变、对称渐变和菱形渐变5种。

【线性渐变】 ：从起点到终点颜色在一条直线上过渡。

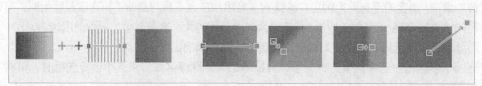

【径向渐变】 ：从起点到终点颜色按圆形向外发散过渡。

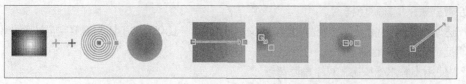

【角度渐变】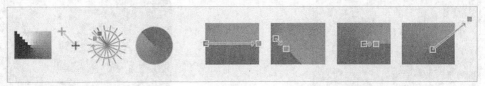：从起点到终点颜色做顺时针过渡。

【对称渐变】：从起点到终点颜色在一条直线同时做两个方向的对称过渡。

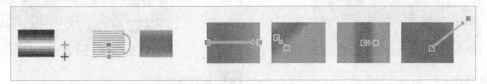

【菱形渐变】：从起点到终点颜色按菱形向外发散过渡。

（3）【模式】下拉列表：用于选择填充时的色彩混合方式。

（4）【反向】复选框：用于决定掉转渐变色的方向，即把起点颜色和终点颜色进行交换。

（5）【仿色】复选框：选中此复选框会添加随机杂色以平滑渐变填充的效果。

（6）【透明区域】复选框：只有选中此复选框，不透明度的设定才会生效，包含有透明的渐变才能被体现出来。

1 打开素材

打开随书光盘中的"素材\ch04\4-20.jpg"文件，然后新建一个图层1。

2 绘制矩形

使用【矩形选框工具】绘制一个矩形作为香烟的前半部形状。

3 设置渐变颜色

选择【渐变工具】，设置渐变颜色为【浅灰色–白色–深灰色–浅灰色】的渐变颜色，然后填充到矩形选框中。

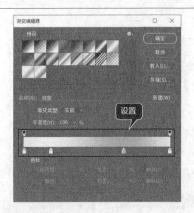

4 新建图层

同理创建香烟后半部分的矩形选框，新建一个图层2。

5 设置渐变颜色

再次选择【渐变工具】，然后设置渐变颜色为【浅黄色–白色–深黄色–浅灰色】的渐变颜色，然后填充到矩形选框中。

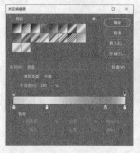

6 新建图层

再次使用【矩形选框工具】创建香烟上的装饰条，新建一个图层3。

7 设置渐变颜色

选择【渐变工具】，设置渐变颜色为【铜色渐变】的渐变颜色，然后填充到矩形选框中。

8 添加【投影】效果

复制一个装饰条图层，然后合并所有图层，为其添加【投影】的图层效果。

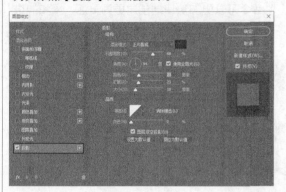

9 最终效果

复制2个香烟图层，然后使用自由变形工具调整位置，最终效果如图所示。

4.6.2 油漆桶工具：为卡通画上色

【油漆桶工具】 是一款填色工具。这款工具可以快速对选区、画布、色块等填色或填充图案。操作也较为简单，先选择这款工具，在相应的地方点击鼠标左键即可填充。如果要在色块上填色，需要设置好属性栏中的容差值。

油漆桶工具可根据像素颜色的近似程度来填充颜色，填充的颜色为前景色或连续图案(油漆桶工具不能作用于位图模式的图像)。

1 设定各项参数

打开随书光盘中的"素材\ch04\4-21.JPG"文件，选择【油漆桶工具】 ，在属性栏中设定各项参数。

2 设置颜色

在工具箱中选择【设置前景色】 按钮，在弹出的【拾色器（前景色）】对话框中，设置颜色（C：0，M：0，Y：100，K：0），然后单击【确定】按钮。

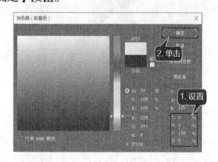

3 移动鼠标并单击

把鼠标指针移到蝴蝶的翅膀上并单击。

4 设置颜色

同理设置颜色（C：0，M：40，Y：100，K：0），再设置颜色（C：0，M：100，Y：100，K：0），并分别填充其他部位。

4.6.3 【描边】命令：制作描边效果

　　用户利用【编辑】菜单中的【描边】菜单命令，可以为选区、图层和路径等勾画彩色边缘。与【图层样式】对话框中的描边样式相比，使用【描边】命令可以更加快速地创建更为灵活、柔和的边界，而描边图层样式只能作用于图层边缘。

　　【描边】对话框中的各参数作用如下。

　　【描边】设置区：用于设定描边的画笔宽度和边界颜色。

　　【位置】设置区：用于指定描边位置是在边界内、边界中还是在边界外。

　　【混合】设置区：用于设置描边颜色的模式及不透明度，并可选择描边范围是否包括透明区域。

　　下面通过为图像添加边框的效果来学习【描边】命令的使用方法。

1 打开素材	**2 选择人物外轮廓**
打开随书光盘中的"素材\ch04\4-22.jpg"文件。	使用【魔棒工具】在图像中单击人物选择人物外轮廓。

3 进行设置	**4 取消选区**
选择【编辑】▶【描边】菜单命令，在弹出的【描边】对话框中设置【宽度】为10px，颜色根据自己喜好设置，【位置】设置为居外。	单击【确定】按钮，然后按【Ctrl+D】组合键取消选区。
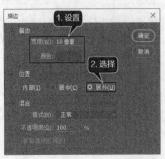	

举一反三

本实例学习使用【套索工具】和【自由变换工具】等工具来制作一张有趣的招贴海报。

素材 \ch04\4-23.jpg

结果 \ch04\ 趣味招贴 .jpg

1 打开素材

选择【文件】▶【打开】菜单命令，打开随书光盘中的"素材\ch04\4-23.jpg和4-24.jpg"图像。

2 拖动素材

选择【移动工具】将海景素材拖到皮箱素材中。

3 调整不透明度

使用【多边形套索工具】和【磁性套索工具】选择皮箱下部分的内部图像，这里可以将海景图层的不透明度值调到50以便观察。

4 删除多余图像

按键盘上的【Shift+Ctrl+I】组合键反选后删除多余的海景图像，效果如图所示。

5 打开素材

打开随书光盘中的"素材\ch04\4-26.jpg"图像，然后拖到皮箱文件中。

6 调整不透明度

使用【多边形套索工具】和【磁性套索工具】选择皮箱上部分的内部图像，这里可以将天空图层的不透明度值调到50以便观察。

7 删除多余图像

按键盘上的【Shift+Ctrl+I】组合键反选后删除多余的天空图像，效果如图所示。

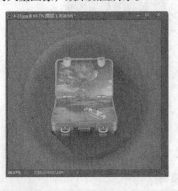

8 拖动素材

打开随书光盘中的"素材\ch04\4-25.jpg"图像，使用【磁性套索工具】选择游艇图像，然后拖到皮箱文件中，并调整其位置和大小如图所示。

9 调整不透明度

复制游艇图层，并调整其位置和大小作为游艇在海面的倒影，设置图层的不透明度值为35。如图所示。

10 拖动素材

打开随书光盘中的"素材\ch04\4-27.jpg"图像，使用【魔棒工具】选择海鸥图像，然后拖到皮箱文件中，并调整其位置和大小，如图所示，这样就完成了趣味招贴的设计。

高手私房菜

技巧：如何巧妙抠图

抠图其实一点也不难，只要有足够的耐心和细心，只须掌握最基础的Photoshop知识就能完美地抠出图片。当然，这是靠时间换来的，用户应当掌握更简便、快速、效果好的抠图方法。

抠图，也就是传说中的"移花接木"术，是学习 Photoshop 的必修课，也是Photoshop最重要的功能之一。抠图方法无外乎两大类：一是作选区抠图；二是运用滤镜抠图。

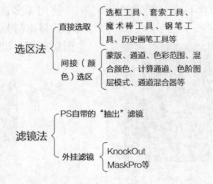

选区法 ┬ 直接选取 ── 选框工具、套索工具、魔术棒工具、钢笔工具、历史画笔工具等
　　　　└ 间接（颜色）选区 ── 蒙版、通道、色彩范围、混合颜色、计算通道、色阶图层模式、通道混合器等

滤镜法 ┬ PS自带的"抽出"滤镜
　　　　└ 外挂滤镜 ── KnockOut、MaskPro等

第 5 章

图层及图层样式的应用

 本章视频教学时间：50 分钟

图层功能是 Photoshop 处理图像的基本功能，也是 Photoshop 中很重要的一部分。图层就像玻璃纸，每张玻璃纸上有一部分图像，将这些玻璃纸重叠起来，就是一幅完整的图像，而修改一张玻璃纸上的图像不会影响到其他图像。本章将介绍图层的基本操作和应用。

【学习目标】

通过本章了解 Photoshop CC 图层的基本概念，掌握图层的基本编辑方法。

【本章涉及知识点】

- 认识图层
- 选择图层
- 调整图层叠加顺序
- 合并与拼合图层
- 图层编组
- 图层的对齐与分布
- 图层样式
- 图层混合模式

5.1 实例1——认识图层

本节视频教学时间：10分钟

在学习图层的使用方法之前，首先需要了解一些图层的基本知识。

5.1.1 图层特性

图层是Photoshop 最为核心的功能之一。图层就像是含有文字或图形等元素的胶片，一张张按顺序叠放在一起，组合起来形成页面的最终效果。图层可以将页面上的元素精确定位。使用【图层】可以把一副复杂的图像分解为相对简单的多层结构，并对图像进行分级处理，从而减少图像处理工作量并降低难度。通过调整各个【图层】之间的关系，能够实现更加丰富和复杂的视觉效果。

为了理解什么是图层这个概念，可以回忆一下手工制图时用透明纸作图的情况：当一幅图过于复杂或图形中各部分干扰较大时，可以按一定的原则将一幅图分解为几个部分，然后分别将每一部分按着相同的坐标系和比例画在透明纸上，完成后将所有透明纸按同样的坐标重叠在一起，最终得到一副完整的图形。当需要修改其中某一部分时，可以将要修改的透明纸抽取出来单独进行修改，而不会影响到其他部分。

看过上面的介绍，应该对什么是图层有一个大概的印象了。Photoshop CC图层的概念，参照了用透明纸进行绘图，各部分绘制在不同的图层上。透过这层纸，可以看到纸后面的东西，无论在这层纸上如何涂画，都不会影响其它Photoshop CC图层中的图像，也就是说每个图层可以进行独立的编辑或修改。

图层承载了几乎所有的编辑操作。如果没有图层，所有的图像将处在同一个平面上，这对于图像的编辑来讲，简直是无法想象的，正是因为有了图层功能，Photoshop才变得如此强大。在本节中将讲解图层的3种特性：透明性、独立性和遮盖性。

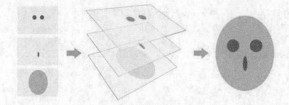

1. 透明性

透明性是图层的基本特性。图层就像是一层层透明的玻璃纸，在没有绘制色彩的部分，透过上面图层的透明部分，能够看到下面图层的图像效果。在Photoshop中图层的透明部分表现为灰白相间的网格。

可以看到即使图层1上面有图层2，但是透过图层2仍然可以看到图层1中的内容，这说明图层2具

备了图层的透明性。

2. 独立性

为了灵活地操作一幅作品中的任何一部分的内容，在Photoshop中可以将作品中的每一部分放到一个图层中。图层与图层之间是相互独立的，在对其中的一个图层进行操作时，其他的图层不会受到干扰，图层调整前后对比效果，如图所示。

可以看到当改变其中一个对象的时候，其他的对象保持原状，这说明图层相互之间保持了一定的独立性。

3. 遮盖性

图层之间的遮盖性指的是当一个图层中有图像信息时，会遮盖住下层图像中的图像信息，如图所示。

5.1.2 【图层】面板

Photoshop CC中的所有图层都被保存在【图层】面板中，对图层的各种操作基本上都可以在【图层】面板中完成。使用【图层】面板可以创建、编辑和管理图层以及为图层添加样式，还可以显示当前编辑的图层信息，使用户清楚地掌握当前图层操作的状态。

选择【窗口】➤【图层】菜单命令或按【F7】键可以打开【图层】面板。

图层混合模式：创建图层中图像的各种混合效果。

【锁定】工具栏：4个按钮分别是【锁定透明像素】、【锁定图像像素】、【锁定位置】和【锁定全部】。

　　显示或隐藏：显示或隐藏图层。当图层左侧显示眼睛图标 时，表示当前图层在图像窗口中显示，单击眼睛图标 ，图标消失并隐藏该图层中的图像。

　　图层缩览图：该图层的显示效果预览图。

　　图层不透明度：设置当前图层的不透明效果，值从0~100，设置为0完全透明，100为不透明。

　　图层填充不透明度：设置当前图层的填充百分比，值从0~100。

　　图层名称：图层的名称。

　　当前图层：在【图层】面板中蓝色高亮显示的图层为当前图层。

　　背景图层：在【图层】面板中，位于最下方的图层名称为【背景】二字的图层，即是背景图层。

　　链接图层 ：在图层上显示图标 时，表示图层与图层之间是链接图层，在编辑图层时可以同时进行编辑。

　　添加图层样式 ：单击该按钮，从弹出的菜单中选择相应选项，可以为当前图层添加图层样式效果。

　　添加图层蒙版 ：单击该按钮，可以为当前图层添加图层蒙版效果。

　　创建新的填充或调整图层 ：单击该按钮，从弹出的菜单中选择相应选项，可以创建新的填充图层或调整图层。

　　创建新组 ：创建新的图层组。可以将多个图层归为一个组，这个组可以在不需要操作时折叠起来。无论组中有多少个图层，折叠后只占用相当于一个图层的空间，方便管理图层。

　　创建新图层 ：单击该按钮，可以创建一个新的图层。

　　删除图层 ：单击该按钮，可以删除当前图层。

5.1.3　图层类型

　　Photoshop的图层类型有多种，可以将图层分为普通图层、背景图层、文字图层、形状图层、蒙版图层和调整图层等6种。

1. 普通图层

　　普通图层是一种常用的图层。在普通图层上用户可以进行各种图像编辑操作。

2. 背景图层

　　使用Photoshop新建文件时，如果【背景内容】选择为白色或背景色，在新文件中就会自动创建一个背景图层，并且该图层还有一个锁定的标志。背景图层始终在最底层，就像一栋楼房的地基一样，不能与其他图层调整叠放顺序。

　　一个图像中可以没有背景图层，但最多只能有一个背景图层。

　　背景图层的不透明度不能更改，不能为背景图层添加图层蒙版，也不可以使用图层样式。如果要改变背景图层的不透明度、为其添加图层蒙版或者使用图层样式，可以先将背景图层转换为普通图层。

把背景图层转换为普通图层的具体操作如下。

1 打开素材	**2 选定背景图层**

1 打开素材

打开随书光盘中的"素材\ch05\5-1.jpg"文件。

2 选定背景图层

选择【窗口】▶【图层】菜单命令，打开【图层】面板。在【图层】面板中选定背景图层。

3 选择【背景图层】命令

选择【图层】▶【新建】▶【背景图层】菜单命令。

4 【新建图层】对话框

弹出【新建图层】对话框。

5 转换为普通图层

单击【确定】按钮，背景图层即转换为普通图层。用户使用【背景橡皮擦工具】和【魔术橡皮擦工具】擦除背景图层时，背景图层便自动变成普通图层。直接在背景图层上双击，可以快速将背景图层转换为普通图层。

3. 文字图层

使用工具箱中的【文字】工具输入文本就可以创建文字图层，文字图层是一种特殊的图层，用于存放文字信息。它在【图层】面板中的缩览图与普通图层不同。

文字图层主要用于编辑图像中的文本内容。用户可以对文字图层进行移动、复制等操作，但是不能使用绘画和修饰工具来绘制和编辑文字图层中的文字，不能使用【滤镜】菜单命令。如果需要编辑文字，则必须栅格化文字图层，被栅格化后的文字将变为位图图像，不能再修改其文字内容。

栅格化操作就是把矢量图转化为位图。在Photoshop中有一些图是矢量图，例如用【文字工具】输入的文字或用【钢笔工具】绘制的图形。如果想对这些矢量图形做进一步的处理，例如想使文字具有影印效果，就要使用【滤镜】▶【素描】▶【影印】菜单命令，而该命令只能处理位图图像，不能处理矢量图。此时就需要先把矢量图栅格化，转化为位图，再进一步处理。矢量图经过栅格化处理变成位图后，就失去了矢量图的特性。

栅格化文字图层就是将文字图层转换为普通图层。可以执行下列操作之一。

1 转换为普通图层	**2** 栅格化文字
选中文字图层，选择【图层】▶【栅格化】▶【文字】菜单命令，文字图层即转换为普通图层。	在【图层】面板中的文字图层上右击，从弹出的快捷菜单中选择【栅格化文字】选项，可以将文字图层转换为普通图层。

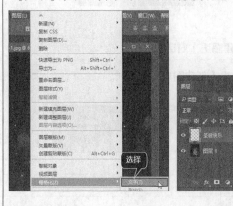

4. 形状图层

形状图层一般是使用工具箱中的形状工具（【矩形工具】▢、【圆角矩形工具】▢、【椭圆工具】◯、【多边形工具】⬡、【直线工具】╱、【自定义形状工具】✿ 或【钢笔工具】✐）绘制图形后而自动创建的图层。形状是矢量对象，与分辨率无关。

形状图层包含定义形状颜色的填充图层和定义形状轮廓的矢量蒙版。形状轮廓是路径，显示在【路径】面板中。如果当前图层为形状图层，在【路径】面板中可以看到矢量蒙版的内容。

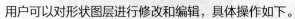

用户可以对形状图层进行修改和编辑，具体操作如下。

1 打开素材

打开随书光盘中的"素材\ch05\5-2.jpg"文件。

2 双击图层缩览图

创建一个形状图层，然后在【图层】面板中双击图层的缩览图。

3 设置填充颜色

打开【拾色器（纯色）】对话框。选择相应的颜色后单击【确定】按钮，即可重新设置填充颜色。

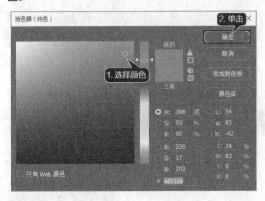

4 修改路径

使用工具箱中的【直接选择工具】，即可修改或编辑形状中的路径。

如果要将形状图层转换为普通图层，需要栅格化形状图层，有以下3种方法。

1 转换为普通图层

选择形状图层，选择【图层】➤【栅格化】➤【形状】菜单命令，即可将形状图层转换为普通图层，同时不保留蒙版和路径。

2 图层填充

选择【图层】➤【栅格化】➤【填充内容】菜单命令，将栅格化形状图层填充，同时保留矢量蒙版。

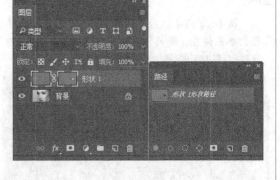

3 转换为图层蒙版

在上一步操作的基础上，选择【图层】➤【栅格化】➤【矢量蒙版】菜单命令，即可栅格化形状图层的矢量蒙版，同时将其转换为图层蒙版，丢失路径。

5. 蒙版图层

图层蒙版是一个很重要的功能。在处理图像的时候，经常会用到。图层蒙版的好处，是不会破坏原图，并且PS在蒙版上处理的速度也比在图片上直接处理要快很多。一般的，在抠图的时候，或者合成图像的时候，会经常用到图层蒙版。

蒙版图层是用来存放蒙版的一种特殊图层，依附于除背景图层以外的其他图层。蒙版的作用是显示或隐藏图层的部分图像，也可以保护区域内的图像，以免被编辑。用户可以创建的蒙版类型有图层蒙版和矢量蒙版两种。

（1）图层蒙版

图层蒙版是与分辨率有关的位图图像，由绘画或选择工具创建。创建图层蒙版的具体操作如下。

1 打开素材	2 拖曳图片

1 打开素材

打开随书光盘中的"素材\ch05\5-4.jpg"和"素材\ch05\5-5.jpg"文件。

2 拖曳图片

使用工具箱中的【移动工具】，选择并拖曳"5-5.jpg"图片到"5-4.jpg"图片上。

3 调整大小和位置

按【Ctrl+T】组合键对翅膀图片进行变形并调整大小和位置，使其和女孩人物配合好（为了方便观察可以将该图层的不透明度值调低）。

4 创建图层蒙版

单击【图层】面板下方的【添加图层蒙版】按钮，为当前图层创建图层蒙版。

5 调整图片位置

　　根据自己的需要调整图片的位置，然后把前景色设置为黑色，选择【画笔工具】，开始涂抹直至两幅图片融合在一起。

　　这时，可以看到两幅已经融合在一起，构成了一幅图片。

　　选择图层后选择【图层】▶【图层蒙版】菜单命令，在弹出的子菜单中选择合适的菜单命令，即可创建图层蒙版。

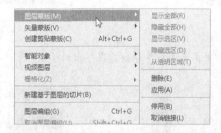

　　（2）矢量蒙版

　　矢量蒙版与分辨率无关，一般是使用工具箱中的【钢笔工具】、形状工具（【矩形工具】、【圆角矩形工具】、【椭圆工具】、【多边形工具】、【直线工具】、【自定义形状工具】）绘制图形后而创建的。

　　矢量蒙版可在图层上创建锐边形状。若需要添加边缘清晰的图像，可以使用矢量蒙版。

6. 调整图层

　　用户使用调整图层可以将颜色或色调调整应用于多个图层，而不会更改图像中的实际颜色或色调。颜色和色调调整信息存储在调整图层中，并且影响它下面的所有图层。这意味着操作一次即可调整多个图层，而不用分别调整每个图层。

　　使用调整图层调整图像色彩的方法如下。

1 打开素材

　　打开随书光盘中的"素材\ch05\5-6.jpg"文件。

2 创建一个调整图层

　　单击【图层】面板下方的【创建新的填充或调整图层】按钮，在弹出的快捷菜单中选择【色相/饱和度】命令，可以创建一个调整图层。

3 调整相关参数

创建调整图层的同时软件打开了【属性】面板，可以调整图层【色相/饱和度】的相关参数。

4 调整色相/饱和度

调整图层的【色相/饱和度】后的效果如图所示。

小提示

选择【图层】▶【新建调整图层】菜单命令，在弹出的子菜单中选择合适的菜单命令，即可创建一个调整图层。

5.2 实例2——选择图层

本节视频教学时间：2分钟

在处理多个图层的文档的时候，需要选择相应的图层来做调整。在Photoshop的【图层】面板上深颜色显示的图层为当前图层，大多数的操作都是针对当前图层进行的，因此对当前图层的确定十分重要。选择图层的方法如下。

1 打开素材

打开随书光盘中的"素材\ch05\5-7.psd"文件。

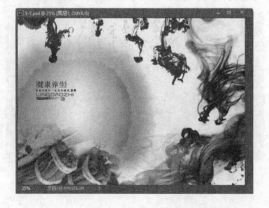

2 选择【图层1】

在【图层】面板中选择【图层1】图层即可选择【背景图片】所在的图层，此时【背景图片】所在的图层为当前图层。

3 选择【图层1】

还可以直接在图像中的【背景图片】上右击，然后在弹出的菜单中选择【图层1】图层即可选中【背景图片】所在的图层。

5.3 实例3——调整图层叠加顺序

本节视频教学时间：2分钟

改变图层的排列顺序就是改变图层像素之间的叠加次序，可以通过直接拖曳图层的方法来实现。

1. 调整图层位置

1 打开素材

打开随书光盘中的"素材\ch05\5-8.psd"文件。

2 选择【后移一层】命令

选中【白色背景】所在的【图层21】图层，选择【图层】▶【排列】▶【后移一层】菜单命令。

3 最终效果

效果如下图所示。

2. 调整图层位置的技巧

Photoshop提供了5种排列方式。

置为顶层(F)	Shift+Ctrl+]
前移一层(W)	Ctrl+]
后移一层(K)	Ctrl+[
置为底层(B)	Shift+Ctrl+[
反向(R)	

（1）置为顶层：将当前图层移动到最上层，快捷键为【Shift+Ctrl+] 】。

（2）前移一层：将当前图层向上移一层，快捷键为【Ctrl+] 】。

（3）后移一层：将当前图层向下移一层，快捷键为【Ctrl+ [】。

（4）置为底层：将当前图层移动到最底层，快捷键为【Shift+Ctrl+ [】。

（5）反向：将选中的图层顺序反转。

5.4 实例4——合并与拼合图层

 本节视频教学时间：2分钟

合并图层即是将多个有联系的图层合并为一个图层，以便于进行整体操作。首先选择要合并的多个图层，然后选择【图层】▶【合并图层】菜单命令即可。也可以通过快捷键【Ctrl+E】来完成。

1. 合并图层

1 打开素材

打开随书光盘中的"素材\ch05\5-7.psd"文件。

2 选择【合并图层】命令

在【图层】面板中按住【Ctrl】键的同时单击所有图层，单击【图层】面板右上角的■按钮，在弹出的快捷菜单中选择【合并图层】命令。

3 最终效果

最终效果如图所示。

2. 合并图层的操作技巧

Photoshop提供了3种合并的方式。

合并图层(E)	Ctrl+E
合并可见图层(V)	Shift+Ctrl+E
拼合图像(F)	

（1）合并图层：在没有选择多个图层的状态下，可以将当前图层与其下面的图层合并为一个图层。也可以通过【Ctrl+E】组合键来完成。

（2）合并可见图层：将所有的显示图层合并到背景图层中，隐藏图层被保留。也可以通过【Shift+Ctrl+E】组合键来完成。

（3）拼合图像：可以将图像中的所有可见图层都合并到背景图层中，隐藏图层则被删除。这样可以大大地降低文件的大小。

5.5 实例5——图层编组

本节视频教学时间：2分钟

【图层编组】命令用来创建图层组，如果当前选择了多个图层，则可以选择【图层】▶【图层编组】菜单命令（也可以通过【Ctrl+G】组合键来执行此命令）将选择的图层编为一个图层组。图层编组的具体操作如下。

1 选择【从图层新建组】命令

打开随书光盘中的"素材\ch05\5-7.psd"文件，在【图层】面板中按【Ctrl】键的同时单击【图层1】、【图层2】和【图层3】图层，单击【图层】面板右上角的按钮，在弹出的快捷菜单中选择【从图层新建组】菜单命令。

2 设置参数

弹出【从图层新建组】对话框，设定名称等参数，然后单击【确定】按钮。

3 取消编组

如果当前文件中创建了图层编组，选择【图层】➤【取消图层编组】菜单命令可以取消选择的图层组的编组。

5.6 实例6——图层的对齐与分布

本节视频教学时间：2分钟

在Photoshop CC绘制图像时有时需要对多个图像进行整齐的排列，已达到一种美的感觉；在Photoshop CS6中提供了6种对齐方式，可以快速准确地排列图像。依据当前图层和链接图层的内容，可以进行图层之间的对齐操作。

（1）图层的对齐与分布具体操作

1 打开素材

打开随书光盘中的"素材\ch05\5-9.psd"文件。

2 选择多个图层

在【图层】面板中按住【Ctrl】键的同时单击【图层1】、【图层2】、【图层3】和【图层4】图层。

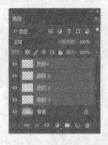

3 选择【顶边】命令

选择【图层】➤【对齐】➤【顶边】菜单命令。

4 最终效果

最终效果如图所示。

（2）图层对齐的操作技巧

Photoshop提供了6种排列方式。

顶边：将链接图层顶端的像素对齐到当前工作图层顶端的像素或选区边框的顶端，以此方式来排列链接图层的效果。

垂直居中：将链接图层的垂直中心像素对齐到当前工作图层垂直中心的像素或选区的垂直中心，以此方式来排列链接图层的效果。

底边：将链接图层的最下端的像素对齐到当前工作图层的最下端像素或选区边框的最下端，以此方式来排列链接图层的效果。

左边：将链接图层最左边的像素对齐到当前工作图层最左端的像素或选区边框的最左端，以此方式来排列链接图层的效果。

水平居中：将链接图层水平中心的像素对齐到当前工作图层水平中心的像素或选区的水平中心，以此方式来排列链接图层的效果。

右边：将链接图层的最右端像素对齐到当前工作图层最右端的像素或选区边框的最右端，以此方式来排列链接图层的效果。

（3）【分布】是将选中或链接图层之间的价格均匀地分布。Photoshop提供了6种分布的方式。

顶边：参照最上面和最下面两个图形的顶边，中间的每个图层以像素区域的最顶端为基础，在最上和最下的两个图形之间均匀地分布。

垂直居中：参照每个图层垂直中心的像素均匀地分布链接图层。

底边：参照每个图层最下端像素的位置均匀地分布链接图层。

左边：参照每个图层最左端像素的位置均匀地分布链接图层。

水平居中：参照每个图层水平中心像素的位置均匀地分布链接图层。

右边：参照每个图层最右端像素的位置均匀地分布链接图层。

小提示

关于对齐、分布命令也可以通过按钮来完成。首先要保证图层处于链接状态，当前工具为移动工具，这时在属性栏中就会出现相应的对齐、分布按钮。

5.7 实例7——图层样式

本节视频教学时间：13分钟

利用Photoshop CC【图层样式】可以对图层内容快速应用效果。图层样式是多种图层效果的组合，Photoshop提供了多种图像效果，如阴影、发光、浮雕和颜色叠加等。当图层具有样式时，【图层面板】中该图层名称的右边出现【图层样式】图标，将效果应用于图层的同时，也创建了相应的图层样式，在【图层样式】对话框中可以对创建的图层样式进行修改、保存和删除等编辑操作。

5.7.1 使用图层样式

在Photoshop中对图层样式进行管理是通过【图层样式】对话框来完成的。

1. 使用【图层样式】命令

1 添加样式	**2** 添加样式
选择【图层】➤【图层样式】菜单命令添加各种样式。	单击【图层】面板下方的【添加图层样式】按钮，也可以添加各种样式。

2. 【图层样式】对话框参数设置

在【图层样式】对话框中可以对一系列的参数进行设定，实际上图层样式是一个集成的命令群，它是由一系列的效果集合而成的，其中包括很多样式。

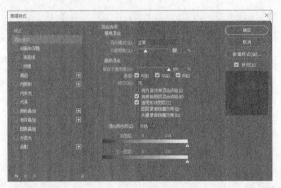

【填充不透明度】设置项：设置Photoshop CC图像的透明度。当设置参数为100%时，图像为完全不透明状态，当设置参数为0%时，图像为完全透明状态。

【通道】：可以将混合效果限制在指定的通道内。单击R选项，使该选项取消勾选，这时"红色"通道将不会进行混合。在3个复选框中，可以选择参加高级混合的R、G、B通道中的任何一个或者多个。3个选项不选择也可以，但是一个选项也不选择的情况下，一般得不到理想的效果。

【挖空】下拉列表：控制投影在半透明图层中的可视性或闭合。应用这个选项可以控制图层色调的深浅，有3个下拉菜单项，它们的效果各不相同。选择【挖空】为【深】，将【填充不透明度】数值设定为0，挖空到背景图层效果。

【将内部效果混合成组】复选框：选中这个复选框可将本次操作作用到图层的内部效果，然后合并到一个组中。这样下次出现在窗口的默认参数即为现在的参数。

【将剪切图层混合成组】复选框：将剪切的图层合并到同一个组中。

【混合颜色带】设置区：将图层与该颜色混和，它有4个选项，分别是灰色、红色、绿色和蓝色。可以根据需要选择适当的颜色，以达到意想不到的效果。

5.7.2 制作投影效果

应用【投影】选项可以在图层内容的背后添加阴影效果。

1. 应用【投影】命令

1 打开素材	**2** 设置参数
打开随书光盘中的"素材\ch05\5–10.psd"文件。 	选择图层1，单击【添加图层样式】按钮 ，在弹出的【添加图层样式】菜单中选择【投影】选项。在弹出的【图层样式】对话框中进行参数设置。 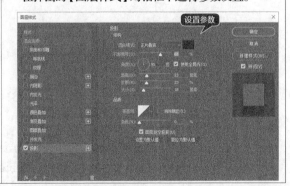

3 最终效果

单击【确定】按钮，最终效果如下图所示。

2. 【投影】选项的参数设置

【角度】设置项：确定效果应用于图层时所采用的光照角度，下图分别是角度为0，90和-90的效果。

【使用全局光】复选框：选中该复选框，所产生的光源作用于同一个图像中的所有图层；撤选该复选框，产生的光源只作用于当前编辑的图层。

【距离】设置项：控制阴影离图层中图像的距离。

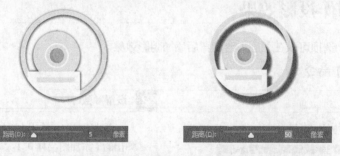

【扩展】设置项：对阴影的宽度做适当细微的调整，可以用测试距离的方法检验。

【大小】设置项：控制阴影的总长度。加上适当的Spread参数会产生一种逐渐从阴影色到透明的效果，就好像将固定量的墨水泼到固定面积的画布上，但不是均匀的，而是从全"黑"到透明的渐变。

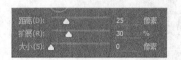

【消除锯齿】复选框：选中该复选框，在用固定的选区做一些变化时，可以使变化的效果不至于显得很突然，可使效果过渡变得柔和。

【杂色】设置项：输入数值或拖曳滑块时，可以改变发光不透明度或暗调不透明度中随机元素的数量。

【等高线】设置项：应用这个选项可以使图像产生立体的效果。单击其下拉菜单按钮会弹出等高线窗口，从中可以根据图像选择适当的模式。

5.7.3 制作内阴影效果

应用【内阴影】选项可以围绕图层内容的边缘添加内阴影效果。使用【内阴影】命令制造投影效果的具体操作如下。

1 打开素材

打开随书光盘中的"素材\ch05\5-11.jpg"文件，双击背景图层转换成普通图层。

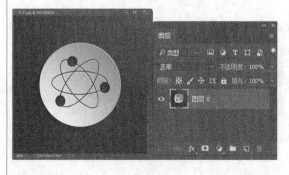

2 设置参数

单击【添加图层样式】按钮，在弹出的【添加图层样式】菜单中选择【内阴影】选项。在弹出的【图层样式】对话框中进行参数设置。

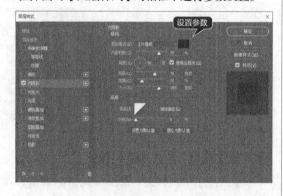

3 产生投影效果

单击【确定】按钮后会产生一种立体化的内投影效果。

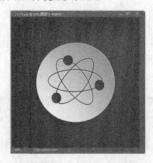

5.7.4 制作文字外发光效果

应用【外发光】选项可以围绕图层内容的边缘创建外部发光效果。本小节介绍使用【外发光】命令制造发光文字。

1. 使用【外发光】命令制造发光文字

1 打开素材

打开随书光盘中的"素材\ch05\5-11.psd"文件。

2 设置参数

选择图层1，单击【添加图层样式】按钮 fx，在弹出的【添加图层样式】菜单中选择【外发光】选项。在弹出的【图层样式】对话框中进行参数设置。

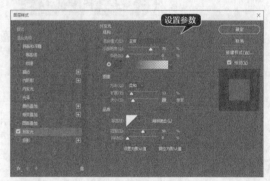

3 最终效果

单击【确定】按钮，最终效果如图所示。

2. 【外发光】选项参数设置

【方法】下拉列表：即边缘元素的模型，有【柔和】和【精确】两种。柔和的边缘变化比较模糊，而精确的边缘变化则比较清晰。

【扩展】设置项：即边缘向外边扩展。与前面介绍的【阴影】选项中的【扩展】设置项的用法类似。

【大小】设置项：用以控制阴影面积的大小，变化范围是0～250像素。

【等高线】设置项：应用这个选项可以使图像产生立体的效果。单击其下拉菜单按钮会弹出等高线窗口，从中可以根据图像选择适当的模式。

【范围】设置项：等高线运用的范围，其数值越大效果越不明显。

【抖动】设置项：控制光的渐变，数值越大图层阴影的效果越不清楚，且会变成有杂色的效果。数值越小就会越接近清楚的阴影效果。

5.7.5 制作内发光效果

应用【内发光】选项可以围绕图层内容的边缘创建内部发光效果。

【内发光】选项设置和【外发光】几乎一样。只是【外发光】选项卡中的【扩展】设置项变成了【内发光】中的【阻塞】设置项。外发光得到的阴影是在图层的边缘，在图层之间看不到效果的影响；而内发光得到的效果只在图层内部，即得到的阴影只出现在图层的不透明的区域。

使用【内发光】命令制造发光文字效果的具体步骤如下。

1 打开素材

打开随书光盘中的"素材\ch05\5-12.jpg"文件，双击背景图层转换成普通图层。

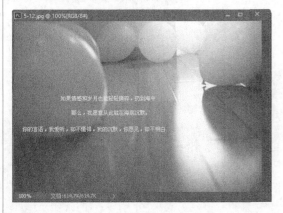

2 设置参数

单击【添加图层样式】按钮，在弹出的【添加图层样式】菜单项中选择【内发光】选项。在弹出的【图层样式】对话框中进行参数设置。

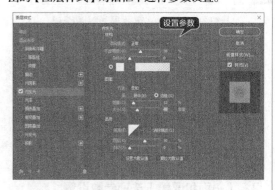

3 最终效果

单击【确定】按钮，最终效果如下图所示。

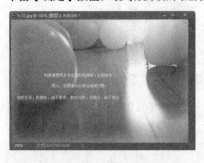

小提示

【内发光】选项参数设置与【外发光】选项参数设置相似，此处不再赘述。

5.7.6 创建立体图标

应用【斜面和浮雕】选项可以为图层内容添加暗调和高光效果，使图层内容呈现凸起的立体效果。

1. 使用【斜面和浮雕】命令创建立体文字

1 打开素材

打开随书光盘中的"素材\ch05\5-12.psd"文件。

2 设置参数

选择图层1单击【添加图层样式】按钮 *fx*，在弹出的【添加图层样式】菜单项中选择【斜面和浮雕】选项。在弹出的【图层样式】对话框中进行参数设置。

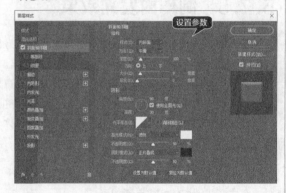

3 最终效果

最终形成的立体文字效果如下图所示。

2. 【斜面和浮雕】选项参数设置

（1）【样式】下拉列表：在此下拉列表中共有5种模式，分别是内斜面、外斜面、浮雕效果、枕状浮雕和描边浮雕。

（2）【方法】下拉列表：在此下拉列表中有3个选项，分别是平滑、雕刻清晰和雕刻柔和。

平滑：选择该选项可以得到边缘过渡比较柔和的图层效果，也就是它得到的阴影边缘变化不尖锐。

雕刻清晰：选择该选项可以得到边缘变化明显的效果，与【平滑】选项相比，它产生的效果立体感特别强。

雕刻柔和：与【雕刻清晰】选项类似，但是它的边缘的色彩变化要稍微柔和一点。

（3）【深度】设置项：控制效果的颜色深度，数值越大得到的阴影越深，数值越小得到的阴影颜色越浅。

（4）【大小】设置项：控制阴影面积的大小，拖动滑块或者直接更改右侧文本框中的数值可以得到合适的效果图。

（5）【软化】设置项：拖动滑块可以调节阴影的边缘过渡效果，数值越大边缘过渡越柔和。

（6）【方向】设置项：用来切换亮部和阴影的方向。选择【上】单选项，则是亮部在上面；选择【下】单选项，则是亮部在下面。

（7）【角度】设置项：控制灯光在圆中的角度。圆中的【+】符号可以用鼠标移动。

（8）【使用全局光】复选框：决定应用于图层效果的光照角度。可以定义一个全角，应用到图像中所有的图层效果；也可以指定局部角度，仅应用于指定的图层效果。使用全角可以制造出一种连续光源照在图像上的效果。

（9）【高度】设置项：是指光源与水平面的夹角。

（10）【光泽等高线】设置项：这个选项的编辑和使用的方法与前面提到的等高线的编辑方法是一样的。

（11）【消除锯齿】复选框：选中该复选框，在使用固定的选区做一些变化时，变化的效果不至于显得很突然，可使效果过渡变得柔和。

（12）【高光模式】下拉列表：相当于在图层的上方有一个带色光源，光源的颜色可以通过右侧的颜色块来调整，它会使图层达到许多种不同的效果。

（13）【阴影模式】下拉列表：可以调整阴影的颜色和模式。通过右侧的颜色块可以改变阴影的颜色，在下拉列表中可以选择阴影的模式。

5.7.7　为文字添加光泽度

应用【光泽】选项可以根据图层内容的形状在内部应用阴影，创建光滑的打磨效果。

1. 为文字添加光泽效果

1 打开素材

打开随书光盘中的"素材\ch05\5-13.psd"文件。

2 设置参数

选择图层1，单击【添加图层样式】按钮，在弹出的【添加图层样式】菜单中选择【光泽】选项。在弹出的【图层样式】对话框中进行参数设置。

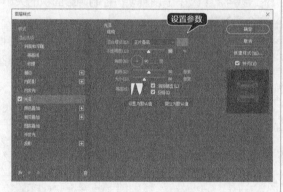

3 最终效果

单击【确定】按钮，形成的光泽效果如下。

2. 【光泽】选项参数设置

【混合模式】下拉列表：它以图像和黑色为编辑对象，其模式与图层的混合模式一样，只是在这里Photoshop将黑色当做一个图层来处理。

【不透明度】设置项：调整混合模式中颜色图层的不透明度。

【角度】设置项：即光照射的角度，它控制着阴影所在的方向。

【距离】设置项：数值越小，图像上被效果覆盖的区域越大。其值控制着阴影的距离。

【大小】设置项：控制实施效果的范围，范围越大效果作用的区域越大。

【等高线】设置项：应用这个选项可以使图像产生立体的效果。单击其下拉菜单按钮会弹出等高线窗口，从中可以根据图像选择适当的模式。

5.7.8 为图层内容套印颜色

应用【颜色叠加】选项可以为图层内容套印颜色。

1 打开素材

打开随书光盘中的"素材\ch05\5-13.jpg"文件，双击背景图层转换成普通图层。

2 设置参数

将背景图层转化为普通图层。然后单击【添加图层样式】按钮 fx，在弹出的【添加图层样式】菜单中选择【颜色叠加】选项。在弹出的【图层样式】对话框中为图像叠加橘红色（C：0，M：50，Y：100，K：0），并设置其他参数。

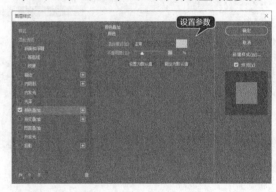

3 最终效果

单击【确定】按钮，最终效果如下图所示。

5.7.9 实现图层内容套印渐变效果

应用【渐变叠加】选项可以为图层内容套印渐变效果。

1. 为图像添加渐变叠加效果

1 打开素材

打开随书光盘中的 "素材\ch05\5-14.psd" 文件。

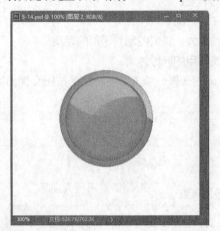

2 设置参数

选择图层1，然后单击【添加图层样式】按钮 *fx*，在弹出的【添加图层样式】菜单中选择【渐变叠加】选项。在弹出的【图层样式】对话框中为图像添加渐变效果，并设置其他参数。

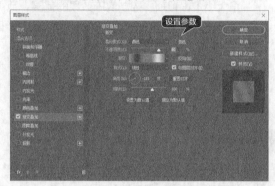

3 最终效果

单击【确定】按钮，最终效果如下图所示。

2.【渐变叠加】选项参数设置

【混合模式】下拉列表：此下拉列表中的选项与【图层】面板中的混合模式类似。

【不透明度】设置项：设定透明的程度。

【渐变】设置项：使用这项功能可以对图像做一些渐变设置，【反向】复选框表示将渐变的方向反转。

【角度】设置项：利用该选项可以对图像产生的效果做一些角度变化。

【缩放】设置项：控制效果影响的范围，通过它可以调整产生效果的区域大小。

5.7.10　为图层内容套印图案混合效果

应用【图案叠加】选项可以为图层内容套印图案混合效果。在原来的图像上加上一个图层图案的效果，根据图案颜色的深浅在图像上表现为雕刻效果的深浅。使用中要注意调整图案的不透明度，否则得到的图像可能只是一个放大的图案。为图像叠加图案的具体操作步骤如下。

1 打开素材

打开随书光盘中的"素材\ch05\5-14.psd"文件。

2 设置参数

选择图层1，然后单击【添加图层样式】按钮 *fx*，在弹出的【添加图层样式】菜单中选择【图案叠加】选项。在弹出的【图层样式】对话框中为图像添加图案，并设置其他参数。

3 最终效果

单击【确定】按钮，最终效果如图所示。

5.7.11 为图标添加描边效果

应用【描边】选项可以为图层内容创建边线颜色，可以选择渐变或图案描边效果，这对轮廓分明的对象（如文字等）尤为适用。【描边】选项是用来给图像描上一个边框的。这个边框可以是一种颜色，也可以是渐变，还可以是另一个样式，可以在边框的下拉菜单中选择。

1. 为图标添加描边效果

1 打开素材

打开随书光盘中的"素材\ch05\5-14.psd"文件。

2 设置参数

选择图层1，单击【添加图层样式】按钮 *fx*，在弹出的【添加图层样式】菜单中选择【描边】选项。在弹出的【图层样式】对话框中的【填充类型】下拉列表中选择【渐变】选项，并设置其他参数。

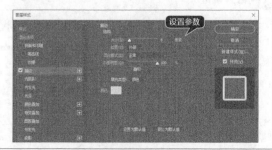

3 最终效果

单击【确定】按钮，形成的描边效果如图所示。

2. 【描边】选项参数设置

【大小】设置项：它的数值大小和边框的宽度成正比，数值越大图像的边框就越大。

【位置】下拉列表：决定着边框的位置，可以是外部、内部或者中心，这些模式是以图层不透明区域的边缘为相对位置的。【外部】表示描边时的边框在该区域的外边，默认的区域是图层中的不透明区域。

【不透明度】设置项：控制制作边框的透明度。

【填充类型】下拉列表：在下拉列表框中供选择的类型有3种：颜色、图案和渐变，不同类型的窗口中选框的选项会不同。

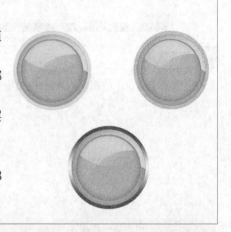

5.8 实例8——图层混合模式

本节视频教学时间：4分钟

在使用Photoshop CC进行图像合成时，图层混合模式是使用最为频繁的技术之一，它通过控制当前图层和位于其下的图层之间的像素作用模式，从而使图像产生奇妙的效果。

Photoshop CC提供了27种图层混合模式，它们全部位于【图层面板】左上角的【正常】下拉列表中。图层的混合模式决定当前图层的像素如何与图像中的下层像素进行混合。使用混合模式可以创建各种特殊的效果。

5.8.1 叠加模式效果

使用叠加模式创建图层混合效果的具体操作步骤如下。

1 打开素材

打开随书光盘中的"素材\ch05\5-14.jpg和素材\ch05\5-15.jpg"。

2 拖曳图片

使用【移动工具】➕将 "5-15.jpg" 图片拖曳到 "5-14.jpg" 图片中，并调整大小。

3 调整图层混合模式

在图层混合模式框中选择【叠加】模式。

小提示

叠加模式：其效果相当于图层同时使用正片叠底模式和滤色模式两种操作。在这个模式下背景图层颜色的深度将被加深，并且覆盖掉背景图层上浅颜色的部分。

4 调整图层混合模式

在图层混合模式框中选择【柔光】模式。

小提示

柔光模式：类似于将点光源发出的漫射光照到图像上。使用这种模式会在背景上形成一层淡淡的阴影，阴影的深浅与两个图层混合前颜色的深浅有关。

5 调整图层混合模式

在图层混合模式框中选择【强光】模式。

小提示

强光模式：强光模式下的颜色和在柔光模式下相比，或者更为浓重，或者更为浅淡，这取决于图层上颜色的亮度。

6 调整图层混合模式

在图层混合模式框中选择【亮光】模式。

7 调整图层混合模式

在图层混合模式框中选择【线性光】模式。

小提示

亮光模式：通过增加或减小下面图层的对比度来加深或减淡图像的颜色，具体取决于混合色。如果混合色（光源）比50%灰色亮，则通过减小对比度使图像变亮；如果混合色比50%灰色暗，则通过增加对比度使图像变暗。

 小提示

线性光模式：通过减小或增加亮度来加深或减淡图像的颜色，具体取决于混合色。如果混合色（光源）比50%灰色亮，则通过增加亮度使图像变亮；如果混合色比50%灰色暗，则通过减小亮度使图像变暗。

8 **调整图层混合模式**

在图层混合模式框中选择【点光】模式。

9 **调整图层混合模式**

在图层混合模式框中选择【实色混合】模式。

 小提示

点光模式：根据混合色的亮度来替换颜色。如果混合色（光源）比50%灰色亮，则替换比混合色暗的像素，而不改变比混合色亮的像素；如果混合色比50%灰色暗，则替换比混合色亮的像素，而不改变比混合色暗的像素。这对于向图像中添加特殊效果非常有用。

 小提示

实色混合模式：将混合颜色的红色、绿色和蓝色通道值添加到基色的RGB值。如果通道的结果总和大于或等于255，则值为255；如果小于255，则值为0。因此，所有混合像素的红色、绿色和蓝色通道值要么是0，要么是255。这会将所有像素更改为原色：红色、绿色、蓝色、青色、黄色、洋红、白色或黑色。

5.8.2 差值与排除模式效果

使用差值与排除模式创建图层混合效果的具体操作步骤如下。

1 **打开素材**

打开随书光盘中的"素材\ch05\5-3.jpg"和"素材\ch05\11-4.jpg"。

2 **拖曳图片**

使用【移动工具】将"5-16.jpg"图片拖曳到"5-17.jpg"图片中，并调整大小。

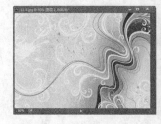

3 调整图层混合模式

在图层混合模式框中选择【差值】模式。

小提示

差值模式：将图层和背景层的颜色相互抵消，以产生一种新的颜色效果。

4 调整图层混合模式

在图层混合模式框中选择【排除】模式。

小提示

排除模式：使用这种模式会产生一种图像反相的效果。

5.8.3 颜色模式效果

使用颜色模式创建图层混合效果的具体操作步骤如下。

1 打开素材

打开随书光盘中的"素材\ch05\5-18.jpg"和"素材\ch05\5-19.jpg"。

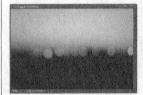

2 拖曳图片

使用【移动工具】将"5-18.jpg"图片拖曳到"5-19.jpg"图片中。

3 调整图层混合模式

在图层混合模式框中选择【色相】模式。

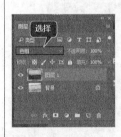

小提示

色相模式：该模式只对灰阶的图层有效，对彩色图层无效。

4 调整图层混合模式

在图层混合模式框中选择【饱和度】模式。

小提示

饱和度模式：当图层为浅色时，会得到该模式的最大效果。

5 调整图层混合模式

在图层混合模式框中选择【颜色】模式。

小提示

颜色模式：用基色的亮度以及混合色的色相和饱和度创建结果色，这样可以保留图像中的灰阶，并且对于给单色图像上色和给彩色图像着色都非常有用。

6 调整图层混合模式

在图层混合模式框中选择【明度】模式。

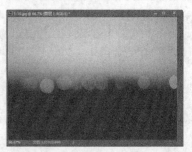

小提示

明度模式：用基色的色相和饱和度以及混合色的亮度创建结果色。此模式创建与颜色模式有相反的效果。

举一反三

本实例学习使用【形状工具】和【图层样式】命令制作一个金属质感图标。

结果\ch05\金属图标.psd

1 设置文档参数

单击【文件】➤【新建】菜单命令，在弹出的【新建】对话框中的【名称】文本框中输入"金属图标"，设置【宽度】为15厘米，【高度】为15厘米，【分辨率】为150像素/英寸，【颜色模式】为RGB颜色、8位，【背景内容】为白色。

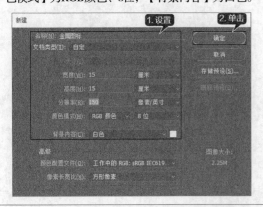

2 新建文件

单击【确定】按钮。

3 绘制圆角矩形

新建图层1，选择【圆角矩形工具】，按住【Shift】键在画布上绘制出一个方形的圆角矩形，这里将圆角半径设置为50像素。

4 设置渐变颜色

双击圆角矩形图层，为其添加渐变图层样式。渐变样式选择角度渐变。渐变颜色使用深灰与浅灰相互交替（浅灰色RGB：241，241，241；深灰色RGB：178，178，178），具体设置如下图。这是做金属样式的常用手法。

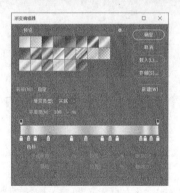

5 设置渐变颜色

再添加描边样式，此处填充类型选择渐变，渐变颜色使用深灰到浅灰（浅灰色RGB：216，216，216；深灰色RGB：96，96，96），具体设置如下图。

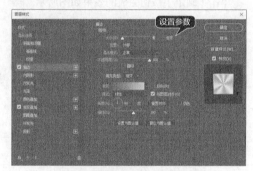

6 单击【确定】按钮

添加后单击【确定】按钮，效果如图所示。

7 绘制图形

新建图层2，选择钢笔工具，【像素】模式选择形状，在圆角矩形中心绘制出内部图案图形。

8 添加内阴影样式

双击图案图层，为其添加内阴影样式。

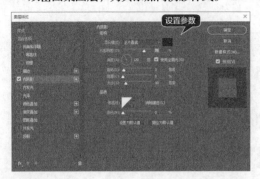

9 添加描边样式

继续添加描边样式，这里依然选择渐变描边，将默认的黑白渐变反向即可。

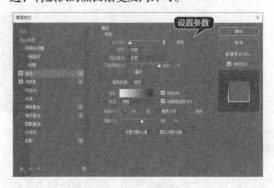

10 最终效果

单击【确定】按钮完成的效果如图所示。

高手私房菜

技巧1：如何为图像添加纹理效果

在为图像添加【斜面和浮雕】效果的过程中，如果勾选【斜面和浮雕】选项参数设置框下的【纹理】复选框，则可以为图像添加纹理效果。

具体的操作步骤如下。

1 打开素材

选择【文件】▶【打开】菜单命令，打开随书光盘中的"素材\ch05\5-15.psd"图像文件。

2 选择【斜面和浮雕】选项

选择图层2，双击【图层2】图层或在【图层】面板中单击【添加图层样式】按钮，从弹出的快捷菜单中选择【斜面和浮雕】选项。

3 设置参数

打开【图层样式】对话框，在其中选中【斜面和浮雕】选项参数设置框中的【纹理】复选框，在打开的设置界面中根据需要设置纹理参数。

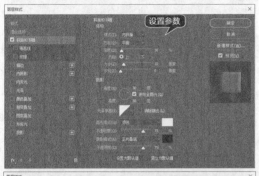

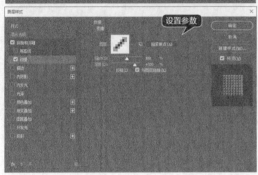

4 纹理效果

单击【确定】按钮，即可为图添加相关的纹理效果。

【斜面和浮雕】样式中的【纹理】选项设置框中的参数含义如下。

【图案】下拉列表：在这个下拉列表中可以选择合适的图案。浮雕的效果就是按照图案的颜色或者它的浮雕模式进行的。在预览图上可以看出待处理的图像的浮雕模式和所选图案的关系。

【贴紧原点】按钮：单击此按钮可使图案的浮雕效果从图像或文档的角落开始。

单击 图标将图案创建为一个新的预置，这样下次使用时就可以从图案的下拉菜单中打开该图案。

通过调节【缩放】设置项可将图案放大或缩小，即浮雕的密集程度。缩放的变化范围为1%～1000%，可以选择合适的比例对图像进行编辑。

【深度】设置项所控制的是浮雕的深度，通过滑块可以控制浮雕的深浅，它的变化范围为－1000%～1000%，正负表示浮雕是凹进去还是凸出来。也可以选择适当的数值填入文本选框中。

选中【反相】复选框就会将原来的浮雕效果反转，即原来凹进去的现在凸出来，原来凸出来的现在凹进去，以得到一种相反的效果。

技巧2：用颜色标记图层

【用颜色标记图层】是一个很好的识别方法。在图层操作面板，鼠标右键点击，选择相应的颜色进行标记就可以了。相比起图层名称，视觉编码更能引起人的注意。这个方法特别适合于标记一些相同类型的图层。

第 6 章

蒙版与通道的应用

 本章视频教学时间：30 分钟

本章讲解【通道】面板、通道的类型、编辑通道和通道的计算。首先讲解一个特殊的图层——蒙版。在 Photoshop 中有一些具有特殊功能的图层，使用这些图层可以在不改变图层中原有图像的基础上制作出多种特殊的效果。

【学习目标】

通过本章了解 Photoshop CC 蒙版和通道的基本概念，掌握蒙版和通道的基本编辑方法。

【本章涉及知识点】

- 使用蒙版工具和蒙版抠图
- 快速蒙版
- 剪切蒙版
- 图层蒙版
- 使用通道
- 分离通道
- 合并通道
- 应用图像
- 计算

6.1 实例1——使用蒙版工具

 本节视频教学时间：4分钟

下面来学习蒙版的基本操作，主要包括新建蒙版、删除蒙版和停用蒙版等。

6.1.1 创建蒙版

单击【图层】面板下面的【添加图层蒙版】按钮 ，可以添加一个【显示全部】的蒙版。其蒙版内为白色填充，表示图层内的像素信息全部显示。

也可以选择【图层】➤【图层蒙版】➤【显示全部】菜单命令来完成此次操作。

选择【图层】➤【图层蒙版】➤【隐藏全部】菜单命令可以添加一个【隐藏全部】的蒙版。其蒙版内填充为黑色，表示图层内的像素信息全部被隐藏。

6.1.2 删除蒙版与停用蒙版

删除蒙版与停用蒙版分别有多种方法。

1. 删除蒙版

删除蒙版的方法有3种。

（1）选中图层蒙版，然后拖曳到【删除】按钮上则会弹出删除蒙版对话框。

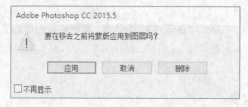

单击【删除】按钮时，蒙版被删除；单击【应用】时，蒙版被删除，但是蒙版效果会被保留在图层上；单击【取消】按钮时，将取消这次删除命令。

（2）选择【图层】➤【图层蒙版】➤【删除】命令可删除图层蒙版。

选择【图层】➤【图层蒙版】➤【应用】命令，蒙版将被删除，但是蒙版效果会被保留在图层上。

（3）选中图层蒙版，按住【Alt】键，然后单击【删除】按钮 ，可以将图层蒙版直接删除。

2. 停用蒙版

选择【图层】➤【图层蒙版】➤【停用】菜单命令，蒙版缩览图上将出现红色叉号，表示蒙版被暂时停止使用。

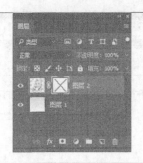

6.2 实例2——使用蒙版抠图：创建图像剪影效果

本节视频教学时间：1分钟

有蒙版的图层称为蒙版层。通过调整蒙版可以对图层应用各种特殊效果，但不会实际影响该图层上的像素。应用蒙版可以使这些更改永久生效，或者删除蒙版而不应用更改。

矢量蒙版是由钢笔或者形状工具创建的与分辨率无关的蒙板，它通过路径和矢量形状来控制图像显示区域，常用来创建Logo、按钮、面板或其他的Web设计元素。

下面来讲解使用矢量蒙版为图像抠图的方法。

1 打开素材

打开随书光盘中的"素材\ch06\6-1.psd"文件。选择【图层2】图层。

2 选择形状

选择【自定形状工具】 ，并在属性栏中选择【路径】，单击【点按可打开"自定形状"拾色器】按钮 ，在弹出的下拉列表中选择"拼图4"。

3 绘制"拼图4"

在画面中拖动鼠标绘制"拼图4"。

4 创建矢量蒙版

选择【图层】➤【矢量蒙版】➤【当前路径】菜单命令，基于当前路径创建矢量蒙版，路径区域外的图像即被蒙版遮盖。

6.3 实例3——快速蒙版: 快速创建选区

本节视频教学时间：2分钟

应用快速蒙版后，会创建一个暂时的图像上的屏蔽，同时亦会在通道浮动窗中产生一个暂时的Alpha通道。它是对所选区域进行保护，让其免于被操作，而处于蒙版范围外的地方则可以进行编辑与处理。

1. 创建快速蒙版

1 切换到快速蒙版状态

打开随书光盘中的"素材\ch06\6-2.jpg"文件，双击【背景】图层将其转换成普通图层。单击工具箱中的【以快速蒙版模式编辑】按钮，切换到快速蒙版状态下。

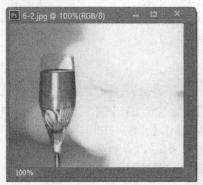

2 设置前景色

选择【画笔工具】，将前景色设定为黑色，然后对酒杯旁边的区域进行涂抹。

3 涂抹图像

逐渐涂抹，使蒙版覆盖整个要选择的图像。

4 关闭快速蒙版

再次单击工具箱中的【以快速蒙版模式编辑】按钮，关闭快速蒙版可以看到快速创建的酒杯选区。

2. 快速应用蒙版

（1）修改蒙版

将前景色设定为白色，用画笔修改可以擦除蒙版（添加选区）；将前景色设定为黑色，用画笔修改可以添加蒙版（删除选区）。

（2）修改蒙版选项

双击【以快速蒙版模式编辑】按钮 ，弹出【快速蒙版选项】对话框，从中可以对快速蒙版的各种属性进行设定。

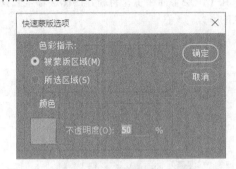

小提示

【颜色】和【不透明度】设置都只影响蒙版的外观，对如何保护蒙版下面的区域没有影响。更改这些设置能使蒙版与图像中的颜色对比更加鲜明，从而具有更好的可视性。

① 被蒙版区域：可使被蒙版区域显示为50%的红色，使选中的区域显示为透明。用黑色绘画可以扩大被蒙版区域，用白色绘画可扩大选中区域。选中该单选项时，工具箱中的【以快速蒙版模式编辑】按钮显示为灰色背景上的白圆圈 。

② 所选区域：可使被蒙版区域显示为透明，使选中区域显示为50%的红色。用白色绘画可以扩大被蒙版区域，用黑色绘画可以扩大选中区域。选中该单选项时，工具箱中的【以快速蒙版模式编辑】按钮显示为白色背景上的灰圆圈 ◙。

③ 颜色：用于选取新的蒙版颜色，单击颜色框可选取新颜色。

④ 不透明度：用于更改不透明度，可在【不透明度】文本框中输入一个0~100的数值。

6.4 实例4——剪切蒙版：创建剪切图像

本节视频教学时间：2分钟

剪切蒙版是一种非常灵活的蒙版，它可以使用下层图层中图像的形状来限制上层图像的显示范围，因此可以通过一个图层来控制多个图层的显示区域。剪切蒙版的创建和修改方法都非常简单。

下面使用自定义形状工具制作剪切蒙版特效。

1 打开素材

打开随书光盘中的"素材\ch06\6-3.psd"文件。

2 选择图形

设置前景色为黑色，新建一个图层，选择【自定形状工具】🐾，并在属性栏上选择【像素】选项，再单击【点按可打开"自定形状"拾色器】按钮，在弹出的下拉列表中选择图形。

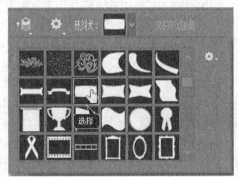

3 绘制形状

　　将新建的图层放到最上方，然后在画面中拖动鼠标绘制该形状。

4 移动图层

　　在【图层】面板上，将新建的图层移至人物图层的下方。

5 创建剪切蒙版

　　选择人物图层，选择【图层】➤【创建剪切蒙版】菜单命令，为其创建一个剪切蒙版。

6.5 实例5——图层蒙版：创建梦幻合成照片

 本节视频教学时间：3分钟

　　Photoshop CC中的蒙版是用于控制用户需要显示或者影响的图像区域，或者说是用于控制需要隐藏或不受影响的图像区域。蒙版是进行图像合成的重要手段，也是Photoshop CC中极富魅力的功能之一，通过蒙版可以在不影响图像质量的基础上合成图像。图层蒙版是加在图层上的一个遮盖，通过创建图层蒙版来隐藏或显示图像中的部分或全部。

　　在图层蒙版中，纯白色区域可以遮罩下面的图像中的内容，显示当前图层中的图像；蒙版中的纯黑色区域可以遮罩当前图层中的图像，显示出下面图层中的内容；蒙版中的灰色区域会根据其灰度值使当前图层中的图像呈现出不同层次的透明效果。

　　如果要隐藏当前图层中的图像，可以使用黑色涂抹蒙版，如果要显示当前图层中图像，可以使用白色涂抹蒙版，如果要使当前图层中的图像呈现半透明效果，则可以使用灰色涂抹蒙版。

　　下面通过讲解两张图片的拼合来讲解图层蒙版的使用方法。

1 打开素材

　　打开随书光盘中的"素材\ch06\6-4.jpg"和"素材\ch06\6-5.jpg"文件。

2 拖曳图层

　　选择【移动工具】，将"6-5"拖曳到"6-4"文档中，新建【图层1】图层。

3 设置画笔

　　单击【图层】面板中的【添加图层蒙版】按钮，为【图层1】添加蒙版，选择【画笔工具】，设置画笔的大小和硬度。

4 设置前景色

　　将前景色设为黑色，在画面上方进行涂抹。

5 设置图层混合模式

　　设置【图层1】的【图层混合模式】为【叠加】，最终效果如图所示。

6.6 实例6——使用通道

 本节视频教学时间：7分钟

　　在Photoshop CC中，通道是图像文件的一种颜色数据信息储存形式，它与Photoshop CS6图像文件的颜色模式密切关联，多个分色通道叠加在一起可以组成一幅具有颜色层次的图像。如果用户只是简单地应用Photoshop来处理图片，有时可能用不到通道，但是有经验的用户却离不开通道。

　　在通道里，每一个通道都会以一种灰度的模式来存储颜色，其中白色代表有，黑色代表无。不同程度的灰度，代表颜色的多少。越是偏白，就代表这种颜色在图像中越多，越是偏黑，就代表这种颜色在图像中越少。例如一个RGB模式的图像，它的每一个像素的颜色数据是由红（R）、绿（G）、蓝（B）这3个通道来记录的，而这3个色彩通道组合定义后合成了一个RGB主通道。

通道的另外一个常用的功能就是用来存放和编辑选区，也就是Alpha通道的功能。在Photoshop中，当选取范围被保存后，就会自动成为一个蒙版保存在一个新增的通道中，该通道会自动被命名为Alpha。

通道要求的文件大小取决于通道中的像素信息。例如，如果图像没有Alpha通道，复制RGB图像中的一个颜色通道增加约1/3的文件大小，在CMYK图像中则增加约1/4。每个Alpha通道和专色通道也会增加文件大小。某些文件格式，包括TIFF格式和PSD格式，会压缩通道信息并能节省磁盘的存储空间。当选择了【文档大小】命令时，窗口左下角的第二个值显示的是包括了Alpha通道和图层的文件大小。通道可以存储选区，便于更精确地抠取图像。

同时通道也用于印刷制版，即专色通道。

 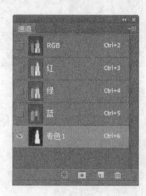

利用通道可以完成图像色彩的调整和特殊效果的制作，灵活地使用通道可以自由地调整图像的色彩信息，为印刷制版、制作分色片提供方便。

6.6.1 【通道】面板

在Photoshop CC菜单栏单击选择【窗口】➤【通道】命令，即可打开【通道面板】。在面板中将根据图像文件的颜色模式显示通道数量。【通道】面板用来创建、保存和管理通道。打开一个RGB模式的图像，Photoshop会在【通道】面板中自动创建该图像的颜色信息通道，面板中包含了图像所有的通道，通道名称的左侧显示了通道内容的缩览图，在编辑通道时缩览图通常会自动更新。

1. 查看与隐藏通道

单击图标可以使通道在显示和隐藏之间切换,用于查看某一颜色在图像中的分布情况。例如在RGB模式下的图像,如果选择显示RGB通道,则红通道、绿通道和蓝通道都自动显示,但选择其中任意原色通道,其他通道则会自动隐藏。

2. 通道缩略图调整

单击【通道】面板右上角的黑三角,从弹出菜单中选择【面板选项】,打开【通道面板选项】对话框,从中可以设定通道缩略图的大小,以便对缩略图进行观察。

3. 通道的名称

通道的名称能帮助用户很快识别各种通道的颜色信息。各原色通道和复合通道的名称是不能改变的,Alpha通道的名称可以通过双击通道名称任意修改。

4. 将通道作为选区载入

单击██按钮,可以将通道中的图像内容转换为选区;按住【Ctrl】键单击通道缩览图也可将通道作为选区载入。

5. 将选区存储为通道

如果当前图像中存在选区,那么可以通过单击██按钮,可以将当前图像中的选区以图像方式存储在自动创建的Alpha通道中,以便修改和以后使用。在按住【Alt】键的同时单击██按钮,可以新建一个通道并且能为该通道设置参数。

6. 新建通道

单击██按钮即可在【通道面板】中创建一个新通道,按住【Alt】键并单击【新建】按钮██可以设置新建Alpha通道的参数。如果按住【Ctrl】键并单击██按钮,可以创建新的专色通道。

通过【创建新通道】按钮██所创建的通道均为Alpha通道,颜色通道无法使用【创建新通道】按钮创建。

小提示

将颜色通道删除后会改变图像的色彩模式。例如，原色彩为 RGB 模式时，删除其中的红通道，剩余的通道为洋红和黄色通道，那么色彩模式将变化为多通道模式。

---

7. 删除通道

单击███按钮可以删除当前编辑的通道。

6.6.2 颜色通道

在Photoshop CC中颜色通道的作用非常重要，颜色通道用于保存和管理图像中的颜色信息，每幅图像都有自己单独的一套颜色通道，在打开新图像时会自动进行创建。图像的颜色模式决定创建颜色通道的数量。

颜色通道是在打开新图像时自动创建的通道，它们记录了图像的颜色信息。图像的颜色模式不同，颜色通道的数量也不相同。RGB图像中包含红、绿、蓝通道和一个用于编辑图像的复合通道，CMYK图像包含青色、洋红、黄色、黑色通道和一个复合通道，Lab图像包含明度、a、b通道和一个复合通道，位图、灰度、双色调和索引颜色图像都只有一个通道。下图分别是不同的颜色通道。

6.6.3 Alpha通道

在Photoshop CC中Alpha通道有三种用途，一是用于保存选区；二是可以将选区存储为灰度图像，这样就能够用画笔，加深、减淡等工具以及各种滤镜，通过编辑Alpha通道来修改选区；三是可以从Alpha通道中载入选区。

在Alpha通道中，白色代表了可以被选择的区域，黑色代表了不能被选择的区域，灰色代表了可以被部分选择区域（即羽化区域）。用白色涂抹Alpha通道可以扩大选区范围；用黑色涂抹则收缩选区；用灰色涂抹可以增加羽化范围。

Alpha通道是用来保存选区的，它可以将选区存储为灰度图像，用户可以通过添加Alpha通道来创建和存储蒙版，这些蒙版用于处理或保护图像的某些部分，Alpha通道与颜色通道不同，它不会直接影响图像的颜色。

在Alpha通道中，默认情况下，白色代表选区，黑色代表非选区，灰色代表被部分选择的区域状态，即羽化的区域。

新建Alpha通道有以下2种方法：

（1）如果在Photoshop CC图像中创建了选区，单击【通道面板】中的【将选区存储为通道】按钮███可将选区保存为Alpha通道中，如图所示。

（2）用户也可以按【Alt】键的同时单击【新建】按钮，弹出【新建通道】对话框。

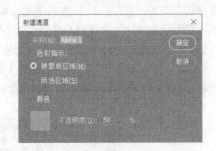

在【新建通道】对话框中可以对新建的通道命名，还可以调整色彩指示类型。各个选项的说明如下。

（1）【被蒙版区域】单选项：选择此项，新建的通道中，黑色的区域代表被蒙版的范围，白色区域则是选取的范围，下图为选中【被蒙版区域】单选项的情况下创建的Alpha通道。

（2）【所选区域】单选项：选择此项，可得到与上一选项刚好相反的结果，白色的区域表示被蒙版的范围，黑色的区域则代表选取的范围，右图为选中【所选区域】单选项的情况下创建的Alpha通道。

（3）【不透明度】设置框：用于设置颜色的透明程度。

单击【颜色】颜色框后，可以选择合适的色彩，这时蒙版颜色的选择对图像的编辑没有影响，它只是用来区别选区和非选区，使我们可以更方便地选取范围。【不透明度】的参数不影响图像的色彩，它只对蒙版起作用。【颜色】和【不透明度】参数的设定只是为了更好地区别选取范围和非选取范围，以便精确选取。

只有同时选中当前的Alpha通道和另外一个通道的情况下才能看到蒙版的颜色。

6.6.4 专色通道

Photoshop CC中专色通道用来存储印刷用的专色。专色是特殊的预混油墨，如金属金银色油墨、荧光油墨等，它们用于替代或补充普通的印刷色CMYK油墨。通常情况下，专色通道都是以专色的名称来命名的。

专色印刷是指采用黄、品红、青、黑四色墨以外的其他色油墨来复制原稿颜色的印刷工艺。当我们要将带有专色的图像印刷时，需要用专色通道来存储专色。每个专色通道都有属于自己的印板，在对一张含有专色通道的图像进行印刷输出时，专色通道会作为一个单独的页被打印出来。

要新建专色通道，可从面板的下拉菜单中选择【新建专色通道】命令或者按住【Ctrl】键并单击 🔲 按钮，即可弹出【新建专色通道】对话框，设定后单击【确定】按钮。

（1）【名称】文本框：可以给新建的专色通道命名。默认的情况下将自动命名为专色1、专色2等。在【油墨特性】选项组中可以设定颜色和密度。

（2）【颜色】设置项：用于设定专色通道的颜色。

（3）【密度】参数框：可以设定专色通道的密度，其范围为0%～100%。这个选项的功能对实际的打印效果没有影响，只是在编辑图像时可以模拟打印的效果。这个选项类似于蒙版颜色的透明度。

选择专色通道后，可以用绘画或编辑工具在图像中绘画，从而编辑专色。用黑色绘画可添加更多不透明度为100%的专色；用灰色绘画可添加不透明度较低的专色；用白色涂抹的区域无专色。绘画或编辑工具选项中的【不透明度】选项决定了用于打印输出的实际油膜浓度。

6.7 实例7——分离通道

 本节视频教学时间：1分钟

为了便于编辑图像，在Photoshop CC中有时需要将一个图像文件的各个通道分开，使其成为拥有独立文档窗口和通道面板的文件，用户可以根据需要对各个通道文件进行编辑，编辑完成后，再将通道文件进行合成到一个图像文件中，这即是通道的分离和合并。

选择【通道】面板菜单中的【分离通道】命令，可以将通道分离成为单独的灰度图像，其标题栏中的文件名为原文件的名称加上该通道名称的缩写，而原文件则被关闭。当需要在不能保留通道的文件格式中保留单个通道信息时，分离通道是非常有用的。

分离通道后主通道会自动消失，例如RGB模式的图像分离通道后只得到R、G和B这3个通道。分离后的通道相互独立，被置于不同的文档窗口中，但是它们共存于一个文档，可以分别进行修改和编辑。在制作出满意的效果后还可以再将通道合并。

分离通道的具体方法如下。

1 打开素材

打开随书光盘中的"素材\ch06\6-6.jpg"，在Photoshop CC中【通道】面板查看图像文件的通道信息。

2 选择【分离通道】命令

单击【通道】面板右上角的 ▤ 按钮，在弹出的下拉菜单中选择【分离通道】命令。

3 图像分为 3 个窗口

执行【分离通道】命令后，图像将分为 3 个重叠的灰色图像窗口，下图所示为分离通道后的各个通道。

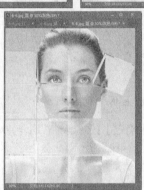

4 【通道】面板如图

分离通道后的【通道】面板如图所示。

6.8 实例8——合并通道

 本节视频教学时间：2分钟

在完成了对各个原色通道的编辑之后，还可以合并通道。在选择【合并通道】命令时会弹出【合并通道】对话框。

1 使用通道文件

使用6.7小节中分离的通道文件。

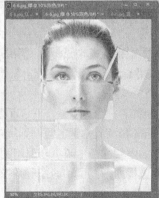

2 创建自定义形状

单击工具箱中的【自定义形状工具】，在红通道所对应的文档窗口中创建自定义形状，并合并图层，如图所示。

3 选择【RGB 颜色】

单击【通道】面板右侧的小三角，在弹出的下拉菜单中选择【合并通道】命令，弹出【合并通道】对话框。在【模式】下拉列表中选择【RGB颜色】，单击【确定】按钮。

4 进行设置

在弹出的【合并RGB通道】对话框中，分别进行如下设置。

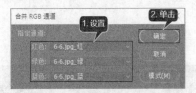

5 合并 RGB 图像

单击【确定】按钮，将它们合并成一个RGB图像，最终效果如图所示。

6.9 实例9——应用图像

 本节视频教学时间：2分钟

　　【应用图像】命令可以将图像的图层和通道（源）与现用图像（目标）的图层和通道混合。通道在Photoshop中是一个极有表现力的平台，通道计算实际上就是通道的混合，通过通道的混合可以制作出一些特殊的效果。

　　如果两个图像的颜色模式不同（例如，一个图像是 RGB 而另一个图像是 CMYK），则可以在图像之间将单个通道复制到其它通道，但不能将复合通道复制到其它图像中的复合通道。

　　【应用图像】命令可以将图像的图层和通道（源）与现用图像（目标）的图层和通道混合。打开源图像和目标图像，并在目标图像中选择所需图层和通道。图像的像素尺寸必须与【应用图像】对话框中出现的图像名称匹配。

　　使用【应用图像】命令调整图像的操作步骤如下。

1 打开素材

选择【文件】➤【打开】菜单命令，打开随书光盘中的"素材\ch06\6-7.jpg"。

2 新建通道

选择【窗口】➤【通道】菜单命令打开【通道】面板，单击【通道】面板下方的【新建】按钮，新建【Alpha1】通道。

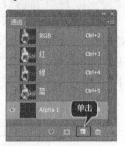

3 绘制【溅泼】图形

使用自定义形状工具绘制【溅泼】图形，填充白色。

 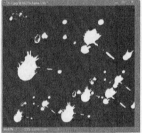

4 取消通道的显示

选择RGB通道，并取消【Alpha1】通道的显示。

5 设置通道

选择【图像】➤【应用图像】菜单命令，在弹出的【应用图像】对话框中设置通道为"Alpha1"，混合设置为"叠加"。

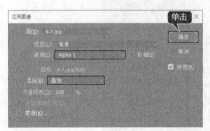

6 最终效果

单击【确定】按钮，得到如图所示的效果。

6.10 实例10——计算

 本节视频教学时间：2分钟

　　【计算】命令和【应用图象】命令使用方法类似，也只有像素尺寸相有的文件夹才可以参与运算。区别是：运算命令可以选择两个源图像的图层和通道，结果可以是一个新图像、新通道或选区。此外，【运算】命令中不能选择复合通道因此只能产生灰度效果。【计算】命令中有两种混合模式是图层和编辑工具所没有的："相加"和"相减"，可以得到一种特殊的合成图片。

　　【计算】命令用于混合两个来自一个或多个源图像的单个通道，然后将结果应用到新图像或新通道中。

　　下面通过使用计算命令制作玄妙色彩图像。

1 打开素材	**2** 选择【计算】命令

　　选择【文件】➤【打开】菜单命令，打开随书光盘中的"素材\ch06\6-8.jpg"文件。

　　选择【图像】➤【计算】菜单命令。

3 设置参数	**4** 新建通道

　　在打开的【计算】对话框中设置相应的参数。

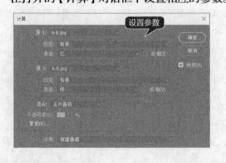

　　单击【确定】按钮后，将新建一个【Alpha1】通道。

5 单击通道的缩略图

　　选择【绿】通道，然后按住【Ctrl】键单击【Alpha1】通道的缩略图，得到选区。

6 填充选区 　　设置前景色为白色，按【Alt+Delete】组合键填充选区。然后按【Ctrl+D】组合键取消选区。 	**7 查看效果** 　　选中RGB通道查看效果，并保存文件。 

举一反三

　　本实例学习如何快速的为照片制作泛白lomo风格效果。

1 打开素材 　　选择【文件】▶【打开】菜单命令，打开随书光盘中的"素材\ch06\6-9.jpg"图像。 	**2 设置色阶** 　　选择【图像】▶【调整】▶【色彩平衡】菜单命令，在【色彩平衡】对话框中设置【色阶】为"–100，–35，+25"。 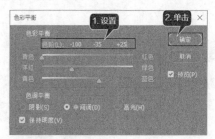
3 单击【确定】按钮 　　单击【确定】按钮。 	**4 新建图层** 　　新建一个新的透明图层。 

5 设置渐变色

选择【渐变工具】▶【径向渐变】，选择前景到透明，颜色为白色。图片中人像的一条渐变线是编辑选择渐变的范围，大家可以按需要适当调整。

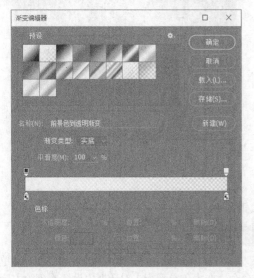

6 调整不透明度

改变图层不透明度，可以根据自己效果调整不透明度。此图片不透明度为70%。

7 完成图像的调整

单击【确定】按钮，完成图像的调整。

高手私房菜

技巧1: 如何在通道中改变图像的色彩

用户除了用【图像】中的【调整】命令以外还可以使用通道来改变图像的色彩。原色通道中存储着图像的颜色信息。图像色彩调整命令主要是通过对通道的调整来起作用的，其原理就是通过改变不同色彩模式下原色通道的明暗分布来调整图像的色彩。

利用颜色通道调整图像色彩的操作步骤如下。

1 打开素材

打开随书光盘中的"素材\ch06\6-10.jpg"图像。

2 打开【通道】面板

选择【窗口】➤【通道】菜单命令，打开【通道】面板。

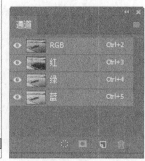

3 设置参数

选择蓝色通道，然后选择【图像】➤【调整】➤【色阶】菜单命令，打开【色阶】对话框，设置其中的参数。

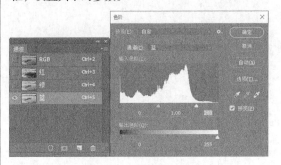

4 调整图像色彩

单击【确定】按钮，选择【RGB】通道即可看到调整图像色彩的效果。

技巧2：唯美人像色彩调色技巧

一般而言，服装的色彩要有主色，与主色相配合的色彩，2~3种色彩就可以达到理想效果，太过繁琐复杂的色彩会干扰欣赏者的观赏体验，造成混乱的视觉感受。

所说的一些需要规避的色彩，并不是绝对的禁区。唯美人像摄影有多种多样的风格，这里所说的规避只是就一般情况而言，配合不同的主题与风格，看似禁忌色彩的服装，同样可拍出精彩的作品。同时，这里所说的色彩，是指在服装上占到绝对主体的大面积色彩。

举例如下。

黑色——黑色可以表达硬朗、肃穆、紧张、酷的感觉。但就整体而言，在自然场景的拍摄中，黑色是相当沉寂的颜色，需要环境有很鲜艳的色彩进行搭配和衬托，如红色、金色才能显示出沉稳、高雅、奢华的效果。这样色彩的环境难以寻找，局限性非常大。在色彩稍显昏暗单调的环境下，这个色彩会极大的降低画面的影调效果，表现出枯燥、暗淡、无生气的效果，同时，黑色在影像的后期处理中，几乎是没有调节余地的色彩，也极大的限制了后期的调整空间。

紫色——紫色是尊贵的颜色，搭配黑、白、灰、黄等色彩效果不错。但它是最难搭配的颜色，色彩靓丽的环境中，容易显得很媚俗，非常不好把握。

灰色——具有柔和，高雅的意象，属於中间性格。在实际拍摄过程中，大面积灰色的服装易产生素，沉闷，呆板，僵硬的感觉。如果是在色彩灰暗的场景中，更容易加重这一体验。

数码相机只是忠实的拍摄画面、尽量多的记录镜头信息，但它并不知道哪些是需要，哪些是不需要的。这就需要在后期处理过程中，按照自己需求进行甄别，强化需要的，让隐藏的显现出来。

第7章

矢量工具和路径

 本章视频教学时间: 55分钟

在本章中主要介绍了如何使用路径面板和矢量工具,并以简单实例进行了详细演示。学习本章时应多多尝试在实例操作中的应用,这样可以加强学习效果。

【学习目标】

通过本章了解 Photoshop CC 矢量工具和路径的基本概念,掌握矢量工具和路径的创建、编辑方法。

【本章涉及知识点】

使用路径面板

使用矢量工具

7.1 实例1——使用路径面板

 本节视频教学时间：16分钟

选择【窗口】▶【路径】命令，打开【路径】面板，其主要作用是对已经建立的路径进行管理和编辑处理。针对路径面板的特点，主要讲解路径面板中建立新的路径、将路径转换为选区、将选区转换为路径、存储路径、用画笔描边路径以及用前景色填充路径等操作技巧。

7.1.1 形状图层

【形状】图层该图层中包含了位图、矢量图的两种元素，因此使得Photoshop软件在进行绘画的时候，可以以某种矢量形式保存图像。使用形状工具或钢笔工具可以创建形状图层。形状中会自动填充当前的前景色，但也可以更改为其他颜色、渐变或图案来进行填充。形状的轮廓存储在链接图层的矢量蒙版中。

单击工具选项栏中的【形状】图层按钮 形状 ⬦ 后，可在单独的形状图层中创建形状。形状图层由填充区域和形状两部分组成，填充区域定义了形状的颜色、图案和图层的不透明度；形状则是一个矢量蒙版，它定义图像显示和隐藏区域。形状是路径，它出现在【路径】面板中。

7.1.2 工作路径

Photoshop CC建立工作路径的方法是这样的：使用工具箱中的钢笔等路径工具直接在图像中绘制路径的时候，Photoshop CC会在路径面板中自动将其命名为"工作路径"，而且"工作路径"这四个字是以倾斜体显示。【路径】面板显示了存储的路径、当前工作路径与当前矢量蒙版的名称和缩览图像。减小缩览图的大小或将其关闭，可在路径面板中列出更多路径，而关闭缩览图可提高性能。要查看路径，必须先在路径面板中选择路径名。

单击【路径】按钮 路径 ⬦ 后，可绘制工作路径，它出现在【路径】面板中，创建工作路径后，可以使用它来创建选区、创建矢量蒙版，或者对路径进行填充和描边，从而得到光栅化的图像。在通过绘制路径选取对象时，需要选择【路径】▦按钮。

7.1.3 填充区域

　　Photoshop CC在填充区域创建的是位图图形，选择【像素】按钮  后，绘制的将是光栅化的图像，而不是矢量图形。在创建填充区域时Photoshop使用前景色作为填充颜色，此时【路径】面板中不会创建工作路径，在【图层】面板中可以创建光栅化图像，但不会创建形状图层，该选项不能用于钢笔工具，只有使用各种形状工具（矩形工具、椭圆工具、自定形状等工具）时才能使用该按钮。

7.1.4 路径与锚点

　　钢笔工具属于矢量绘图工具，其优点是可以勾画平滑的曲线，在缩放或者变形之后仍能保持平滑效果。

　　钢笔工具画出来的矢量图形称为路径，路径是矢量的，路径允许是不封闭的开放状态，如果把起点与终点重合绘制就可以得到封闭的路径。

　　路径可以转换为选区，也可以进行填充或者描边。

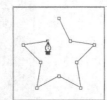

1. 路径的特点

　　路径是不包含像素的矢量对象，与图像是分开的，并且不会被打印出来，因而也更易于重新选择、修改和移动。修改路径后不影响图像效果。

2. 路径的组成

　　路径由一个或多个曲线段、直线段、方向点、锚点和方向线构成。

 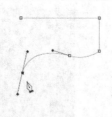

选择【窗口】►【路径】命令，打开【路径】面板，其主要作用是对已经建立的路径进行管理和编辑处理。在【路径】面板中可以对路径快速而方便地进行管理。【路径】面板可以说是集编辑路径和渲染路径的功能于一身。在这个面板中可以完成从路径到选区和从自由选区到路径的转换，还可以对路径施加一些效果，使得路径看起来不那么单调。【路径】面板如下图所示。

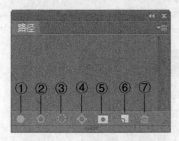

① 用前景色填充路径：使用前景色填充路径区域。
② 用画笔描边路径：使用画笔工具描边路径。
③ 将路径作为选区载入：将当前的路径转换为选区。
④ 从选区生成工作路径：从当前的选区中生成工作路径。
⑤ 添加蒙版：为当前选中的图层添加图层蒙版。
⑥ 创建新路径：可创建新的路径。
⑦ 删除当前路径：可删除当前选择的路径。

7.1.5　填充路径

单击【路径】面板上的【用前景色填充】按钮可以用前景色对路径进行填充。

1. 用前景色填充路径

1 绘制路径	**2** 填充路径
建一个8厘米×8厘米的文档，选择【自定形状工具】绘制任意一个路径。 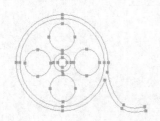	在路径面板中单击【用前景色填充路径】按钮填充路径。  

2. 使用技巧

按【Alt】键的同时单击【用前景色填充】按钮可弹出【填充路径】对话框，在该对话框中可设置【使用】的方式以及混合模式及渲染的方式，设置完成之后，单击【确定】按钮即可对路径进行填充。

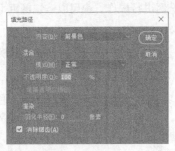

7.1.6 描边路径

单击【用画笔描边路径】按钮可以实现对路径的描边。

1. 用画笔描边路径

1 绘制路径

新建一个8厘米×8厘米的图像，选择【自定形状工具】绘制任意一个路径。

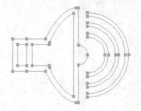

2 填充路径

在路径面板中单击【用画笔描边路径】按钮填充路径。

2. 【用画笔描边路径】使用技巧

用画笔描边路径的效果与画笔的设置有关，所以要对描边进行控制就需先对画笔进行相关设置（例如画笔的大小和硬度等）。按【Alt】键的同时单击【用画笔描边路径】按钮，弹出【描边路径】对话框，设置完描边的方式后，单击【确定】按钮即可对路径进行描边。

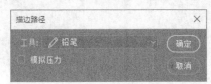

7.1.7 路径和选区的转换

路径转化为选区命令在工作中的使用频率很高，因为在图像文件中任何局部的操作都必须在选区范围内完成，所以一旦获得了准确的路径形状后，一般情况下都要将路径转换为选区。单击【将路径作为选区载入】按钮可以将路径转换为选区进行操作，也可以按快捷键【Ctrl+Enter】完成这一操作。

将路径转化为选区的操作步骤如下。

1 创建选区

打开随书光盘中的"素材\ch07\7-1.jpg"图像，选择【魔棒工具】🪄，在杯子以外的白色区域创建选区。

2 将选区转换为路径

按【Ctrl+Shift+I】组合键反选选区，在【路径】面板上单击【从选区生成工作路径】按钮◇，将选区转换为路径。

3 载入选区

单击【将路径作为选区载入】按钮▨，将路径载入为选区。

7.1.8 工作路径

对于工作路径，也可以控制其显示与隐藏。

1 单击路径预览图

在【路径】面板中单击路径预览图，路径将以高亮显示。

2 路径被隐藏

如果在面板中的灰色区域单击，路径将变为灰色，这时路径将被隐藏。

3 工作路径

工作路径是出现在【路径】面板中的临时路径，用于定义形状的轮廓。用钢笔工具在画布中直接创建的路径及由选区转换的路径都是工作路径。

4 创建路径

当工作路径被隐藏时可使用钢笔工具直接创建路径，那么原来的路径将被新路径所代替。双击工作路径的名称将会弹出【存储路径】对话框，可以实现对工作路径重命名并保存。

7.1.9　创建新路径和删除当前路径

1 建立路径

单击【创建新路径】按钮 🔲 后，再使用钢笔工具建立路径，路径将被保存。

2 重命名路径

在按【Alt】键的同时单击此按钮，则可弹出【新建路径】对话框，可以为生成的路径重命名。

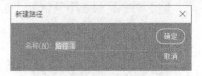

3 复制路径

在按【Alt】键的同时，若将已存在的路径拖曳到【创建新路径】按钮上，则可实现对路径的复制并得到该路径的副本。

4 删除路径

将已存在的路径拖曳到【删除当前路径】按钮 🗑 上则可将该路径删除。也可以选中路径后使用【Delete】键将路径删除，按【Alt】键的同时再单击【删除当前路径】按钮可将路径直接删除。

7.1.10　剪贴路径

如果要将Photoshop中的图像输出到专业的页面排版程序，例如：InDesign、PageMaker等软件时，可以通过剪贴路径来定义图像的显示区域。在输出到这些程序中以后，剪贴路径以外的区域将变为透明区域。下面就来讲解一下剪贴路径的输出方法。

1 打开素材

打开随书光盘中的 "素材\ch07\7-2.jpg" 图像。

2 创建路径

选择【钢笔工具】，在气球图像周围创建路径。

3 输入路径名称

在【路径】面板中，双击【工作路径】，在弹出的【存储路径】对话框中输入路径的名称，然后单击【确定】按钮。

4 设置路径名称和展平度

单击【路径】面板右上角的小三角按钮，选择【剪贴路径】命令，在弹出的【剪贴路径】对话框中设置路径的名称和展平度（定义路径由多少个直线片段组成），然后单击【确定】按钮。

5 进行存储

选择【文件】➤【存储】菜单命令，在弹出的【存储为】对话框中设置文件的名称、保存的位置和文件存储格式，然后单击【确定】按钮。

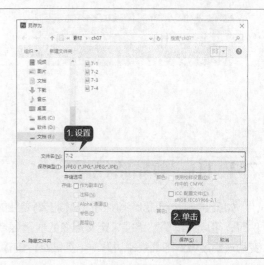

7.2 实例2——使用矢量工具

本节视频教学时间：17分钟

矢量工具包括：矩形工具、圆角矩形工具、椭圆工具、多边形工具、直线工具、自定义形状工具。这些工具绘出的图形都有个特点，就是放大图像后或任意拉大后，图形都不会模糊，边缘非常清晰。而且保存后占用的空间非常小。这就是矢量图形的优点。使用Photoshop CC中的矢量工具可以创建不同类型的对象，主要包括形状图层、工作路径和填充像素。在选择了矢量工具后，在工具的选项栏上按下相应的按钮指定一种绘制模式，然后才能进行操作。

7.2.1 锚点

锚点又称为定位点，它的两端会连接直线或曲线。锚点数量越少越好，较多的锚点使可控制的范围也更广。但问题也正是出在这里，因为锚点多，可能使得后期修改的工作量也大。由于控制柄和路径的关系，可分为以下3种不同性质的锚点。

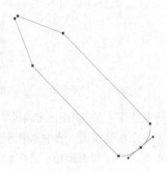

（1）平滑点：方向线是一体的锚点。

（2）角点：没有公共切线的锚点。

（3）拐点：控制柄独立的锚点。

7.2.2 使用形状工具

使用形状工具，可以轻松地创建按钮、导航栏以及其他在网页上使用的项目。使用形状工具可以方便地绘制出许多特定的形状，还可以通过形状的运算及自定义形状让形状更加丰富。绘制形状的工具有【矩形工具】、【圆角矩形工具】、【椭圆工具】、【多边形工具】、【直线工具】及【自定形状工具】等。

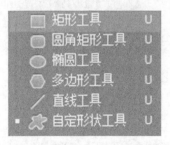

1. 绘制规则形状

Photoshop CC提供了5种绘制规则形状的工具：【矩形工具】、【圆角矩形工具】、【椭圆工具】、【多边形工具】和【直线工具】。

（1）绘制矩形

使用【矩形工具】■，可以很方便地绘制出矩形或正方形路径。

选中【矩形工具】■，然后在画布上单击并拖曳鼠标即可绘制出所需要的矩形，若在拖曳鼠标时按住【Shift】键则可绘制出正方形。

矩形工具的属性栏如下。

单击 ⚙ 按钮会出现矩形工具选项菜单，其中包括【不受约束】单选按钮、【方形】单选按钮、【固定大小】单选按钮、【比例】单选按钮、【从中心】复选框等。

【不受约束】单选按钮：选中此单选按钮，由鼠标的拖曳绘制任意大小和比例的矩形。

【方形】单选按钮：选中此单选按钮，绘制正方形。

【固定大小】单选按钮：选中此单选按钮，可以在【W：】参数框和【H：】参数框中输入所需的宽度和高度的值后绘制出固定值的矩形，默认的单位为像素。

【比例】单选按钮：选中此单选按钮，可以在【W：】参数框和【H：】参数框中输入所需的宽度和高度的整数比，可绘制固定宽和高额比例的矩形。

【从中心】复选框：选中此复选框，绘制矩形起点为矩形的中心。

绘制完矩形后，右侧会出现【属性】面板，在其中可以分别设置矩形四个角的圆角值。

（2）绘制圆角矩形

使用【圆角矩形工具】 可以绘制具有平滑边缘的矩形。其使用方法与【矩形工具】相同，只需用鼠标在画布上拖曳即可。

【圆角矩形工具】的属性栏与【矩形工具】相同，只是多了【半径】参数框一项。

【半径】参数框用于控制圆角矩形的平滑程度。输入的数值越大越平滑，输入0时则为矩形，有一定数值时则为圆角矩形。

（3）绘制椭圆

使用【椭圆工具】◎可以绘制椭圆，按住【Shift】键可以绘制圆。【椭圆工具】的属性栏的用法和前面介绍的属性栏基本相同，这里不再赘述。

（4）绘制多边形

使用【多边形工具】◎可以绘制出所需的正多边形。绘制时鼠标指针的起点为多边形的中心，而终点则为多边形的一个顶点。

【多边形工具】的属性栏如下图所示。

【边】参数框：用于输入所需绘制的多边形的边数。
单击属性栏中的✿按钮，可打开【多边形选项】设置框。

其中包括【半径】、【平滑拐角】、【星形】、【缩进边依据】和【平滑缩进】等选项。
【半径】参数框：用于输入多边形的半径长度，单位为像素。
【平滑拐角】复选框：选中此复选框，可使多边形具有平滑的顶角。多边形的边数越多越接近圆形。
【星形】复选框：选中此复选框，可使多边形的边向中心缩进呈星状。
【缩进边依据】设置框：用于设定边缩进的程度。
【平滑缩进】复选框：只有选中【星形】复选框时此复选框才可选。选中【平滑缩进】复选框可使多边形的边平滑地向中心缩进。

（5）绘制直线
使用【直线工具】可以绘制直线或带有箭头的线段。
使用的方法是：以鼠标指针拖曳的起始点为线段起点，拖曳的终点为线段的终点。按住【Shift】键可以将直线的方向控制在0°、45°或90°方向。

【直线工具】的属性栏如下图所示。其中【粗细】参数框用于设定直线的宽度。

单击属性栏中的⚙按钮可弹出【箭头】设置区，包括【起点】、【终点】、【宽度】、【长度】和【凹度】等项。

【箭头】
起点　终点
宽度：500%
长度：1000%
凹度：0%

【起点】、【终点】复选框：二者可选择一个，也可以都选，用以决定箭头在线段的哪一方。
【宽度】参数框：用于设置箭头宽度和线段宽度的比值，可输入10%~1000%之间的数值。
【长度】参数框：用于设置箭头长度和线段宽度的比值，可输入10%~5000%之间的数值。
【凹度】参数框：用于设置箭头中央凹陷的程度，可输入-50%~50%之间的数值。
（6）使用形状工具绘制播放器图形

1 新建文件

新建一个15厘米×15厘米的图像。

2 绘制圆角矩形

选择【圆角矩形工具】，在属性栏中单击【像素】按钮。设置前景色为黑色，圆角半径设置为20像素，绘制一个圆角矩形作为播放器轮廓图形。

3 绘制矩形

　　新建一个图层，使用【矩形工具】，新建一个图层，设置前景色为白色，绘制一个矩形作为播放器屏幕图形。

4 绘制圆形

　　新建一个图层，设置前景色为白色，使用【椭圆工具】绘制一个圆形作为播放器按钮图形。

5 绘制圆形

　　新建一个图层，设置前景色为黑色，再次使用【椭圆工具】绘制一个圆形作为播放器按钮内部图形。

6 绘制符号

　　新建一个图层，设置前景色为黑色，使用【多边形工具】和【直线工具】绘制按钮内部符号图形，多边形【边】设置为3。

2. 绘制不规则形状

　　使用【自定形状工具】可以绘制一些特殊的形状、路径，以及像素等。绘制的形状可以自己定义，也可以从形状库里面进行选择。

　　（1）【自定形状工具】的属性栏参数设置

　　【形状】设置项用于选择所需绘制的形状。单击形状右侧的小三角按钮会出现形状面板，这里存储着可供选择的形状。

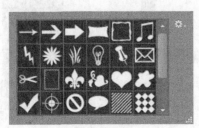

<table>
<tr><td>

1 弹出下拉菜单

单击面板右上侧的小圆圈 可以弹出一个下拉菜单。

</td><td>

2 载入外形文件

从中选择【载入形状】菜单项可以载入外形文件，其文件类型为*.CSH。

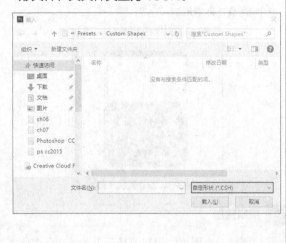

</td></tr>
</table>

（2）使用【自定形状工具】绘制图画

<table>
<tr><td>

1 新建文件

新建一个15厘米×15厘米的图像，填充黑色。

</td><td>

2 绘制圆角矩形

新建一个图层。选择【圆角矩形工具】，在属性栏中单击【像素】按钮。设置前景色为白色，圆角半径设置为20像素，绘制一个圆角矩形作为纸牌轮廓图形。

</td></tr>
</table>

3 选择图形

再新建一个图层, 选择【自定义形状工具】, 在自定义形状下拉列表中选择【红心形卡】图形。设置前景色为红色。

4 绘制形状

在图像上单击鼠标, 并拖动鼠标即可绘制一个自定形状, 多次单击并拖动鼠标可以绘制出大小不同的形状。

5 输入文字

最后使用【横排文字工具】输入文字A完成绘制。

3. 自定义形状

Photoshop CC不仅可以使用预置的形状, 还可以把自己绘制的形状定义为自定义形状, 以便于以后使用。

自定义形状的操作步骤如下。

1 绘制图形

选择钢笔工具绘制出喜欢的图形。

2 输入名称

选择【编辑】➤【定义自定形状】菜单命令, 在弹出的【形状名称】对话框中输入自定义形状的名称, 然后单击【确定】按钮。

3	选择【自定形状工具】

选择【自定形状工具】 🔲，然后在选项中找到自定义的形状即可。

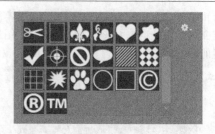

7.2.3　钢笔工具

钢笔工具组是描绘路径的常用工具，而路径是Photoshop CC提供的一种最精确、最灵活的绘制选区边界工具，特别是其中的钢笔工具，使用它可以直接产生线段路径和曲线路径。【钢笔工具】 🔲 可以创建精确的直线和曲线。它在Photoshop中主要有两种用途：一是绘制矢量图形，二是选取对象。在作为选取工具使用时，钢笔工具描绘的轮廓光滑、准确，是最为精确的选取工具之一。

1. 钢笔工具使用技巧

（1）绘制直线：分别在两个不同的地方单击就可以绘制直线。

（2）绘制曲线：单击鼠标绘制出第一点，然后单击并拖曳鼠标绘制出第二点，这样就可以绘制曲线并使锚点两端出现方向线。方向点的位置及方向线的长短会影响到曲线的方向和曲度。

（3）曲线之后接直线：绘制出曲线后，若要在之后接着绘制直线，则需要按【Alt】键暂时切换为转换点工具，然后在最后一个锚点上单击使控制线只保留一段，再松开【Alt】键在新的地方单击另一点即可。

选择钢笔工具，然后单击选项栏中的 🔲 按钮可以弹出【钢笔选项】设置框。从中选中【橡皮带】复选框则可在绘制时直观地看到下一节点之间的轨迹。

🔲 橡皮带

2. 使用钢笔工具绘制一节电池

1	新建文件	2	绘制电池下部分

新建一个15厘米×15厘米的图像。

择【钢笔工具】 🔲，并在选项栏中按下【路径】 🔲 按钮，在画面确定一个点开始绘制电池，绘制电池下部分。

3　绘制电池上部分

继续绘制电池上部分，最终效果如下图所示。

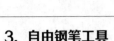

3. 自由钢笔工具

【自由钢笔工具】 ✐ 可随意绘图，就像用铅笔在纸上绘图一样，绘图时将自由添加锚点，绘制路径时无需确定锚点位置；用于绘制不规则路径，其工作原理与磁性套索工具相同，它们的区别在于前者是建立选区，后者建立的是路径。选择该工具后，在画面单击并拖动鼠标即可绘制路径，路径的形状为光标运动的轨迹，Photoshop会自动为路径添加锚点，因而无需设定锚点的位置。

4. 添加锚点工具

【添加锚点工具】 ✐ 可以在路径上添加锚点，选择该工具后，将光标移至路径上，待光标显示为 ♙+ 状时，单击鼠标可添加一个脚点，如图所示。

如果单击并拖动鼠标，则可添加一个平滑点，如图所示。

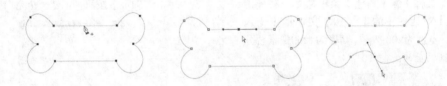

5. 删除锚点

使用【删除锚点工具】 ✐ 可以删除路径上的锚点。选择该工具后，将光标移至路径锚点上，待光标显示为 ♙- 状时，单击鼠标可以删除该锚点。

6. 转换点工具

【转换点工具】 ▶ 用来转换锚点类型，它可将角点转化为平滑点，也可将平滑点转换为角点。选择该工具后，将光标移至路径的锚点上，如果该锚点是平滑点，单击该锚点可以将其转化为角点，如图所示。

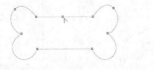 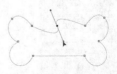

小提示

如果该锚点是角点，单击该锚点可以将其转化为平滑点。

举一反三

本实例学习使用【圆角矩形工具】、【钢笔工具】等来绘制一个精美的智能手表。

素材\ch07\7-3.jpg　　　　结果\ch07\手表.psd

第1步：新建文件

1 设置文件参数

单击【文件】▶【新建】菜单命令，在弹出的【新建】对话框中的【名称】文本框中输入"手表"，宽度为800像素，高度为1200像素，分辨率为72像素/英寸。

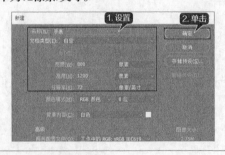

2 新建文件

单击【确定】按钮，创建一个空白文档。

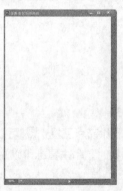

第2步：绘制正面

1 进行设置

在【图层】面板中单击【创建新图层】按钮，新建【图层1】图层，选择【圆角矩形工具】，在属性栏中单击【形状】按钮，设置半径为45px，单击按钮，在打开的【圆角矩形选项】设置框中设置W为12厘米、H为14厘米。

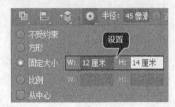

2 设置前景色

设置前景色为白色，用鼠标在画面单击绘制一个白色圆角矩形。

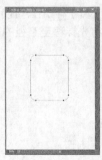

3 添加【投影】样式

由于背景也是白色，看不出上面绘制的图形，所以为【图层1】添加【投影】图层样式，让图像立体起来，效果如图所示。

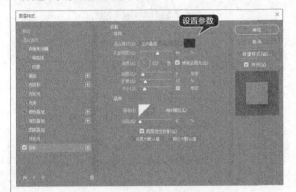

4 进行设置

在【图层】面板中单击【创建新图层】按钮，新建【图层2】图层，选择【圆角矩形工具】，在属性栏中单击【形状】按钮，设置半径为40px，单击按钮，在打开的【圆角矩形选项】设置框中设置W为11厘米、H为13厘米。设置前景色为黑色，用鼠标在画面单击绘制一个黑色圆角矩形。

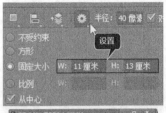

第3步：填充渐变色

1 建立图层1的选区

选择【图层1】，并建立图层1的选区。

2 设置收缩量

选择【选择】▶【修改】▶【收缩】菜单命令，收缩量输入3，如图所示。

3 设置渐变颜色

选择【渐变工具】，在属性栏上单击【点按可编辑渐变】按钮，在弹出的【渐变编辑器】中设置渐变颜色，单击【确定】按钮。

位置	颜色 CMYK
0	93，88，89，80
14	0，0，0，0
92	0，0，0，0
100	93，88，89，80

4 创造线性渐变

新建【图层2】，按住【Shift】键在矩形上创造一个线性渐变。

第4步：添加内投影效果

1 设置内发光颜色

在【图层】面板上双击【图层2】缩览图，弹出【图层样式】对话框，选择【内发光】选项设置颜色为黑色。

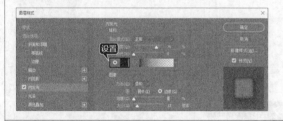

2 效果如图

单击【确定】按钮，效果如图所示。

第5步：绘制反光细节

1 创建矩形选区

新建【图层3】，选择【多边形套锁工具】，创建一个矩形选区。

2 设置渐变

选择【渐变工具】，在属性栏上单击【点按可编辑渐变】按钮，在弹出的【渐变编辑器】中设置白色到白色渐变，并设置左边的白色透明度值为0，单击【确定】按钮。

3 创造线性渐变

按住【Shift】键在矩形上创造一个线性渐变，然后取消选择。

4 设置不透明度

将【图层4】的图层不透明度值设置为45，效果如图所示。

5 设置内发光颜色

在【图层】面板上双击黑色的【圆角矩形1】缩览图，弹出【图层样式】对话框，选择【内发光】选项设置颜色为白色。

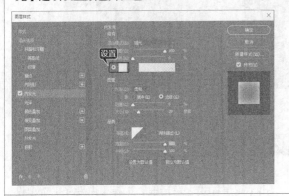

6 效果如图

单击【确定】按钮，效果如图所示。

第6步：添加素材

1 打开素材

打开随书光盘中的"素材\ch07\7-3.jpg"图像。

2 设置图层混合模式

选择【移动工具】将"7-3"拖曳到"手表"文档中。按【Ctrl+T】组合键调整图像的位置和大小，使其符合屏幕大小，并设置【图层混合模式】为【变亮】。

第7步：制作按键

1 绘制矩形

新建一个图层，选择【矩形工具】，设置前景为白色，在"手表"的下方绘制一个矩形。

2 复制图层样式

将【图层1】的图层样式复制到按钮图层上。

3 设置内发光颜色

在【图层】面板上双击按钮图层缩览图，弹出【图层样式】对话框，选择【内发光】选项设置颜色为黑色。

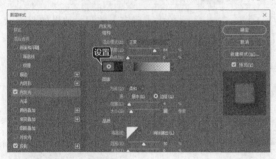

第8步：绘制表带

1 设置前景色

新建一个图层，选择【钢笔工具】，在属性栏中选择【像素】选项，设置前景色为深咖啡色，在画面上绘制表带。

2 设置内发光颜色

在【图层】面板上双击表带图层缩览图，弹出【图层样式】对话框，选择【内发光】选项设置颜色为黑色。

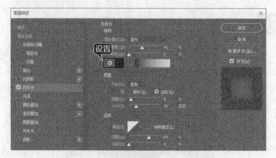

3 填充渐变色

新建一个图层，选择【矩形选框工具】，在表带和表盘衔接处绘制一个矩形，填充为【透明–白色–透明】渐变色。

4 复制表带

取消选区，设置该图层的【图层混合模式】为【柔光】，同理复制一个表带到下方。

复制表带

5 复制图层样式

最后将【图层1】的图层样式复制到表带图层上，效果如图所示。

高手私房菜

技巧1：选择不规则图像

下面来讲述如何选择不规则图像。【钢笔工具】不仅可以用来编辑路径，还可以更为准确地选择文件中的不规则图像。具体的操作步骤如下。

1 打开素材

选择【文件】▶【打开】菜单命令，打开随书光盘中的"素材\ch07\7–4.jpg"图像。

2 选中【磁性的】复选框

在工具箱中单击【自由钢笔工具】，然后在【自由钢笔攻击】属性栏中选中【磁性的】复选框。

选中

3 产生路径

将鼠标移到图像窗口中，沿着花瓶的边沿单击并拖动，即可沿图像边缘产生路径。

4 选择【建立选区】命令

这时在图像中单击鼠标右键，从弹出的快捷菜单中选择【建立选区】菜单命令。

5 设置羽化半径

弹出【建立选区】对话框，在其中根据需要设置选区的羽化半径。

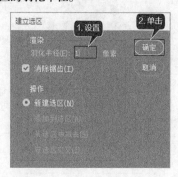

6 建立新的选区

单击【确定】按钮，即可将建立一个新的选区。这样，图中的花瓶就选择好了。

技巧2：钢笔工具显示状态

使用【钢笔工具】 编辑路径的技巧在使用【钢笔工具】时，光标在路径和锚点上有不同的显示状态，通过对这些状态的观察，可以判断【钢笔工具】此时的功能，了解光标的显示状态可以更加灵活地使用钢笔工具。

状态：当光标在画面中显示为 时，单击鼠标可创建一个角点，单击并拖动鼠标可以创建一个平滑点。

状态：在工具属性栏中勾选了【自动添加/删除】选项后，当光标显示为 时，单击鼠标可在路径上添加锚点。

状态：勾选了【自动添加/删除】选项后，当光标在当前路径的锚点上显示为 时，单击鼠标可删除该点。

状态：在绘制路径的过程中，将光标移至路径的锚点上时，光标会显示为 状，此时单击可闭合路径。

状态：选择了一个开放的路径后，将光标移至该路径的一个端点上，光标显示为 状时单击鼠标，然后便可继续绘制路径，如果在路径的绘制过程中将钢笔工具移至另外一个开放路径的端点上，光标显示为 状时，单击鼠标可以将两端开放式的路径连接起来。

第 8 章

文字编辑与排版

本章视频教学时间：52 分钟

文字是平面设计的重要组成部分，它不仅可以传达信息，还能起到美化版面、强化主题的作用。Photoshop 提供了多个用于创建文字的工具，文字的编辑和修改方法也非常灵活。

【学习目标】

通过本章了解 Photoshop CC 文字的基本概念，掌握文字工具的创建和编辑方法。

【本章涉及知识点】

- 创建文字和文字选区
- 栅格化文字
- 创建变形文字
- 创建路径文字
- 制作绚丽的七彩文字
- 制作纸质风格艺术字

8.1 实例1——创建文字和文字选区

本节视频教学时间：10分钟

以美术字、变形字、POP字和特效字为代表的各种艺术字体，广泛应用于平面设计、影视特效、印刷出版和商品包装等各个领域。除了字体本身的造型外，经过设计特意制作出的效果，不仅能美化版面，还能突出重点，因此具有实际的宣传效果。在特殊字体效果的设计方法中，专业图像处理软件Photoshop以其操作简便、修改随意，并且具有独特的艺术性而成为字体设计者的新宠。

Adobe Photoshop 中的文字由基于矢量的文字轮廓（即以数学方式定义的形状）组成，这些形状描述字样的字母、数字和符号。文字是人们传达信息的主要方式，文字在设计工作中显得尤为重要。字的不同大小、颜色及不同的字体传达给人的信息也不相同，所以用户应该熟练地掌握文字的输入与设定。

8.1.1 输入文字

输入文字的工具有【横排文字工具】T、【直排文字工具】IT、【横排文字蒙版工具】和【直排文字蒙版工具】4种，后两种工具主要用来建立文字选区。

利用文字输入工具可以输入两种类型的文字：点文本和段落文本。

1 点文本	**2 段落文本**
点文本用在较少文字的场合，例如标题、产品和书籍的名称等。输入时选择文字工具然后在画布中单击输入即可，它不会自动换行。	段落文本主要用于报纸杂志、产品说明和企业宣传册等。输入时可选择文字工具，然后在画布中单击并拖曳鼠标生成文本框，在其中输入文字即可。它会自动换行形成一段文字。
	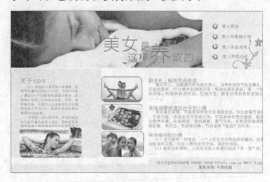

当创建文字时，【图层】面板中会添加一个新的文字图层。创建文字图层后，可以编辑文字并对其应用图层命令。下面来讲解输入文字的方法。

1 打开素材	**2 输入标题文字**
打开随书光盘中的"素材\ch08\ 8-1.jpg"文件。	选择【文字工具】T，在文档中单击鼠标，输入标题文字。

3 拖动出界定框

选择【文字工具】，在文档中单击鼠标并向右下角拖动出一个界定框，此时画面中会呈现闪烁的光标，在界定框内输入文本。

8.1.2　设置文字属性

在Photoshop CC中，通过文字工具的属性栏可以设置文字的文字方向、大小、颜色和对齐方式等。

1. 调整文字

1 设置字体

继续上面的文字文档，选择标题文字，在工具属性栏中设置字体为【方正新舒体简体】，大小为【30点】，颜色为白色。

2 设置字体

选择文本框内的文字，在工具属性栏中设置字体为【方正楷体简体】，大小为【14点】，颜色为白色。

2. 【文字工具】的参数设置

（1）【更改文字方向】按钮：单击此按钮可以在横排文字和竖排文字之间进行切换。

（2）【字体】设置框：设置字体类型。

（3）【字号】设置框：设置文字大小。

（4）【消除锯齿】设置框：消除锯齿的方法包括【无】、【锐利】、【犀利】、【浑厚】和【平滑】等，通常设定为【平滑】。

（5）【段落格式】设置区：包括【左对齐】按钮、【居中对齐】按钮和【右对齐】按钮。

（6）【文本颜色】设置项：单击可以弹出【拾色器（前景色）】对话框，在对话框中可以设定文本颜色。

（7）【创建文字变形】按钮：设置文字的变形方式。

（8）【切换字符和段落面板】按钮：单击该按钮可打开【字符】和【段落】面板。

（9）：取消当前的所有编辑。

（10）：提交当前的所有编辑。

小提示

在对文字大小进行设定时，可以先通过文字工具拖曳选择文字，然后使用快捷键对文字大小进行更改。

更改文字大小的快捷键：

【Ctrl+Shift+>】组合键增大字号；

【Ctrl+Shift+<】组合键减小字号。

更改文字间距的快捷键：

【Alt+ ←】组合键可以减小字符的间距；

【Alt+ →】组合键可以增大字符的间距。

更改文字行间距的快捷键：

【Alt+ ↑】组合键可以减小行间距；

【Alt+ ↓】组合键可以增大行间距。

文字输入完毕，可以使用【Ctrl + Enter】组合键提交文字输入。

8.1.3 设置段落属性

在Photoshop CC中，创建段落文字后，可以根据需要调整界定框的大小，文字会自动在调整后的界定框中重新排列，通过界定框还可以旋转、缩放和斜切文字。下面讲解设置段落属性的方法。

1 打开素材	**2 切换到【段落】面板**
打开随书光盘中的"素材\ch08\8-2.psd"文档。 	选择文字后，在属性栏中单击【切换字符和段落面板】按钮，弹出【字符】面板，切换到【段落】面板。 
3 将文本对齐	**4 最终效果**
在【段落】面板上单击【最后一行左对齐】按钮，将文本对齐。 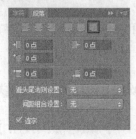	最终效果如下图所示。 

小提示

要在调整界定框大小时缩放文字，应在拖曳手柄的同时按住【Ctrl】键。

若要旋转界定框，可将指针定位在界定框外，此时指针会变为弯曲的双向箭头↰形状。

按住【Shift】键并拖曳可将旋转限制为按 15°进行。若要更改旋转中心，按住【Ctrl】键并将中心点拖曳到新位置即可，中心点可以在界定框的外面。

8.1.4 转换文字形式

Photoshop CC 中的点文字和段落文字是可以相互转换的。

1 添加回车字符

如果是点文字，可选择【文字】▶【转换为段落文字】菜单命令，将其转换为段落文字后各文本行彼此独立排行，每个文字行的末尾（最后一行除外）都会添加一个回车字符。

2 转换为点文字

如果是段落文字，可选择【文字】▶【转换为点文本】菜单命令，将其转换为点文字。

8.1.5 通过面板设置文字格式

格式化字符是指设置字符的属性，包括字体、大小、颜色和行距等。输入文字之前可以在工具属性栏中设置文字属性，也可以在输入文字之后在【字符】面板中为选择的文本或者字符重新设置这些属性。

（1）设置字体

设置文字的字体。单击其右侧的倒三角按钮，在弹出的下拉列表中可以选择字体。

（2）设置文字大小

单击字体大小🔲选项右侧的▇按钮，可以单击右侧的倒三角按钮，在弹出的下拉列表中选择需要的字号或直接在文本框中输入字体大小值。

（3）设置文字颜色

设置文字的颜色。单击可以打开【拾色器】对话框，从中选择字体颜色。

（4）行距

设置文本中各个文字之间的垂直距离。

（5）字距微调

用来调整两个字符之间的间距。

（6）字距调整

用来设置整个文本中所有的字符。

（7）水平缩放与垂直缩放

用来调整字符的宽度和高度。

（8）基线偏移

用来控制文字与基线的距离。

下面来讲解调整字体的方法。

1 设置参数

继续上面的文档进行文字编辑。选择文字后，在属性栏中单击【切换字符和段落面板】按钮，弹出【字符】面板。设置如下参数，颜色设置为黄色。

2 最终效果

最终效果如图所示。

8.2 实例2——栅格化文字

 本节视频教学时间：2分钟

输入文字后便可对文字选择一些编辑操作了，但并不是所有的编辑命令都能适用于刚输入的文字，文字图层是一种特殊的图层，不属于图像类型，因此要想对文字进行进一步的处理就必须对文字进行栅格化处理，将文字转换成一般的图像后再进行处理。

下面来讲解文字栅格化处理的方法。

1 选择文字图层

单击工具箱中的【移动工具】，选择文字图层。

2 选择【文字】命令

选择【图层】▶【栅格化】▶【文字】菜单命令。

3 栅格化

栅格化后的效果如图所示。

小提示

文字图层被栅格化后，就成为了一般图形而不再具有文字的属性。文字图层变为普通图层后，可以对其直接应用滤镜效果。

4 选择【栅格化文字】命令

用户也可以在图层面板上单击鼠标右键，在弹出的菜单中选择【栅格化文字】菜单命令，可以得到相同的效果。

8.3 实例3——创建变形文字

本节视频教学时间：4分钟

为了增强文字的效果，可以创建变形文本。选择创建好的文字，单击Photoshop CC文字属性栏上的【变形文字按钮】 ，可以打开【变形文字】对话框。

1. 创建变形文字

1 打开素材

打开随书光盘中的"素材\ch08\8-3.jpg"文档。

2 输入文字

选择【横排文字工具】，在需要输入文字的位置输入文字，然后选择文字。

3 设置参数

在属性栏中单击【创建变形文本】按钮，在弹出的【变形文字】对话框中的【样式】下拉列表中选择【下弧】选项，并设置其他参数。

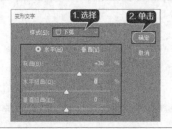

4 最终效果

单击【确定】按钮，最终效果如图所示。

2. 【变形文字】对话框的参数设置

【样式】下拉列表：用于选择哪种风格的变形。单击右侧的下三角可弹出样式风格菜单。

【水平】单选项和【垂直】单选项：用于选择弯曲的方向。

【弯曲】、【水平扭曲】和【垂直扭曲】设置项：用于控制弯曲的程度，输入适当的数值或者拖曳滑块均可。

8.4 实例4——创建路径文字

本节视频教学时间：3分钟

路径文字可以使用钢笔工具或形状工具创建的工作路径的边缘排列的文字。路径文字可以分为绕路径文字和区域文字两种。

绕路径文字是文字沿路径放置，可以通过对路径的修改来调整文字组成的图形效果。

区域文字是文字放置在封闭路径内部，形成和路径相同的文字块，然后通过调整路径的形状来调整文字块的形状。

  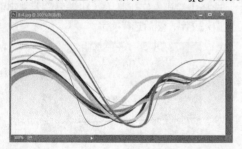

下面创建绕路径文字效果。

1 打开素材	**2** 绘制路径
打开随书光盘中的"素材\ch08\8-4.jpg"图像。	选择【钢笔工具】，在工具属性栏中单击【路径】按钮，然后绘制希望文本遵循的路径。

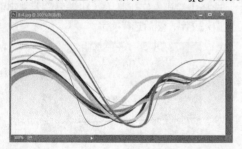 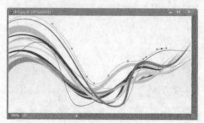

3 输入文字	**4** 沿路径拖曳
选择【文字工具】T，将光标移至路径上，当光标变为 I 形状时在路径上单击，然后输入文字即可。	选择【直接选择工具】，当光标变为形状时沿路径拖曳即可。

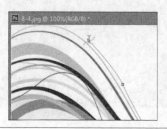 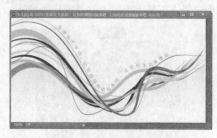

8.5 实例5——制作绚丽的七彩文字

 本节视频教学时间：5分钟

1 新建文件

按快捷键【Ctrl+N】，打开【新建】对话框，创建一个空白文档，如图所示。

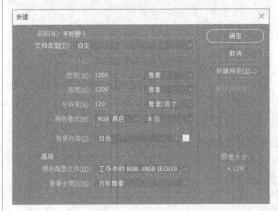

2 设置字体和大小

在工具箱中选择【横排文字】工具 T，在【字符】面板中设置字体和大小，在画面中单击并输入文字，如图所示。

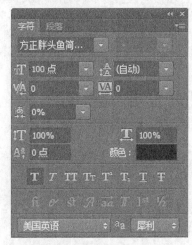

3 添加【投影】效果

在【图层面板】双击文字图层，打开【图层样式】对话框，添加【投影】效果，投影颜色设置为蓝色，如图所示。

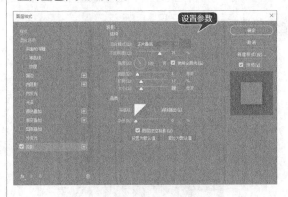

4 加载渐变效果

在左侧列表中选择【渐变叠加】选项，加载一种七彩的渐变效果，如图所示。

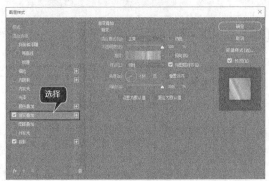

5 添加【内阴影】效果

继续添加【内阴影】图层样式效果，如图所示。

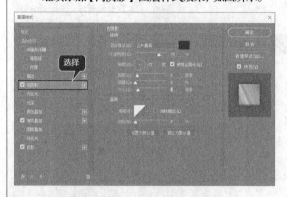

6 添加【内发光】效果

继续添加【内发光】图层样式效果，如图所示。

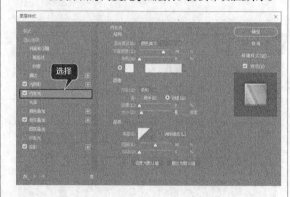

7 添加【斜面和浮雕】效果

继续添加【斜面和浮雕】图层样式效果，选择一种光泽等高线样式，最终效果如图所示。

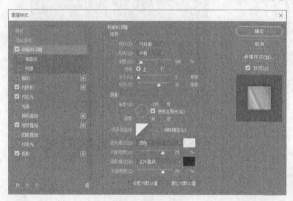

8.6 实例6——制作纸质风格艺术字

本节视频教学时间：12分钟

1 打开素材

打开随书光盘中的"素材\ch08\8-6.jpg"牛皮纸的素材图像。

2 设置渐变

选择【渐变工具】，设置渐变颜色为【灰色-白色-灰色】的渐变颜色，并设置颜色的不透明度值为【70-0-70】。

3 填充渐变颜色

在图层面板上新建一个图层1，然后填充渐变颜色如图所示。

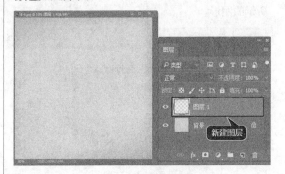

4 新建图层

选择【矩形选框工具】，然后新建一个图层2，创建如图所示的矩形选框。

5 填充渐变颜色

再次选择【渐变工具】 ，设置渐变颜色为【黑色到灰色】的渐变颜色，为矩形选框填充渐变颜色。

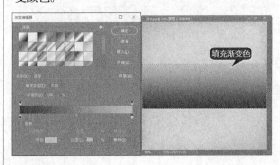

6 进行设置

设置图层2的【图层混合模式】为【正片叠底】模式，设置图层【不透明度】值为70，然后使用【自由变换】工具调整矩形的透视效果如图所示。

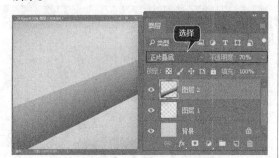

7 设置文字格式

选择【横排文字工具】 ，输入如图所示的文本，并在【字符面板】中设置文字格式。

8 转换成【形状图层】

将【文字图层】转换成【形状图层】。

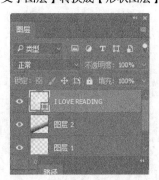

9 调整透视效果

使用【自由变换】工具调整文字的透视效果如图所示。

10 减去顶层形状

选择【钢笔工具】，在属性栏中设置为【形状】，然后设置为【减去顶层形状】，减去如图所示的图形。

11 添加图形

选择【矩形工具】，在属性栏中设置为【形状】，然后设置为【合并形状】，添加如图所示的图形。

12 调整形状细节

选择【直接选择工具】，调整形状细节如图所示。

13 填充白色

新建一个图层3，建立刚才创建的形状图层的选区后填充白色，如图所示。

14 制作投影效果

复制图层3，填充黑色制作投影效果，图层面板设置如图所示。

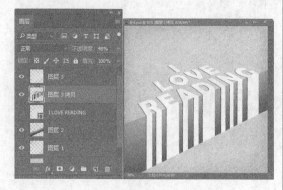

15 最终效果

复制图层2，然后建立图层3的选区，反选删除，图层面板设置如图所示，制作文字的明暗效果，最终效果如图所示。

举一反三

本实例主要制作个性鲜明的金属镂空文字，重叠立体的渐变文字特效在红色的背景下跳跃并具有很强的视觉冲击力。

打开本书配套光盘"光盘\结果\ch08\金属镂空文字1.psd文件，可查看该文字的效果图，如图所示。

1 新建文件

选择【文件】➤【新建】命令来新建一个名称为"金属镂空文字"，大小为80毫米×50毫米、分辨率为350像素，颜色模式为CMYK的文件。

2 设置前景色

在工具箱中单击【设置前景色】，在【拾色器（前景色）】对话框中设置C：100，M：98，Y：20，K：24。

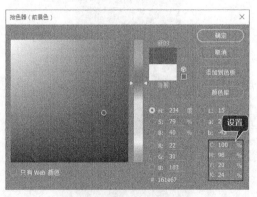

3 填充颜色

按【Ctrl+Delete】组合键填充，效果如图所示。

4 设置参数

选择【文字工具】 T ，在【字符】面板中如图的设置各项参数，然后在图像窗口中输入"Flying"，如所示。

5 调整文字位置

选择【移动工具】 ，按键盘中的方向键来适当调整文字的位置，如图所示。

6 进行变形处理

选择【编辑】➤【自由变换】命令来进行变形处理，在按住【Ctrl】键的状态下拖动编辑点对图像进行变形处理，完成后按【Enter】键确定，如图所示。

7 将文字载入选区

按住【Ctrl】键的同时单击【Flying】图层前的缩览图，将文字载入选区，如图所示。

8 设置【扩展量】

选择【选择】➤【修改】➤【扩展】命令来扩展选区，在弹出的对话框中设置【扩展量】为35个像素。如图所示。

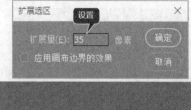

9 设置前景色

在图层面板单击【创建新图层】按钮 🗈，来新建图层1，如图所示，在工具箱中设置前景色为白色，按【Alt+Delete】组合键填充，再按【Ctrl+D】组合键取消选区效果如图所示。

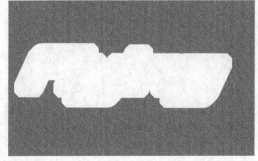

11 效果如下图

图层样式设置完成之后，单击【确定】按钮，效果如图所示。

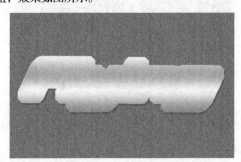

10 设置参数

双击【图层1】的蓝色区域，在弹出的【图层样式】对话框中分别勾选【投影】和【渐变叠加】复选框，然后分别在面板中设置各项参数。其中在【渐变叠加】面板中【渐变编辑器】中设置色标依次为灰色(C: 64，M: 56，Y: 56，K: 32)，白色，灰色(C: 51，M: 51，Y: 42，K: 6)，白色。效果如图所示。

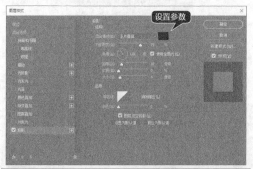

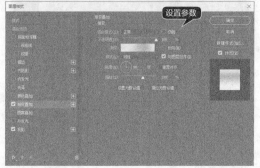

12 设置【扩展量】

按住【Ctrl】键的同时单击【图层1】前的缩览图，将文字载入选区，选择【选择】▶【修改】▶【扩展】命令来扩展选区，在弹出的对话框中设置【扩展量】为10个像素。

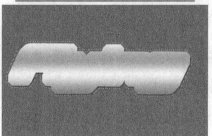

13 取消选区

新建图层2，按【Alt+Delete】组合键填充，再按【Ctrl+D】组合键取消选区。

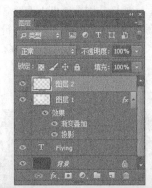

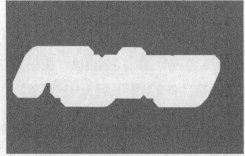

14 设置参数

双击【图层2】的蓝色区域，在弹出的【图层样式】对话框中分别勾选【外发光】和【斜面和浮雕】复选框，然后分别在面板中设置各项参数。其中在【外发光】的颜色设置为黑色，效果如图所示。

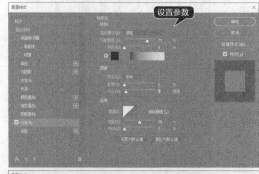

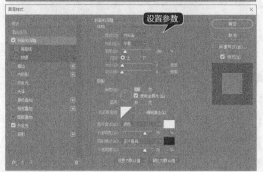

15 设置参数

勾选【渐变叠加】复选框，在【渐变编辑器】的设置器中设置色标依次为土黄色(C：17，M：48，Y：100，K：2)，浅黄色(C：2，M：0，Y：51，K：0)，土黄色(C：17，M：48，Y：100，K：2)，浅黄色(C：2，M：0，Y：51，K：0)，土黄色(C：17，M：48，Y：100，K：2)，效果如图所示。

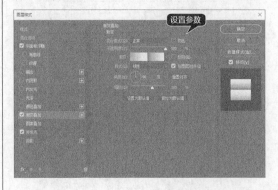

16 效果如下图

图层样式设置完成之后，单击【确定】按钮，效果如图所示。

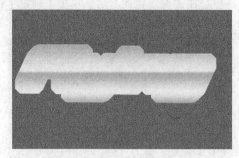

17 载入选区

按住【Ctrl】键的同时单击【Flying】图层前的缩览图，将文字载入选区，单击【Flying】图层前的【指示图层可视性】按钮，隐藏该图层，效果如图所示。

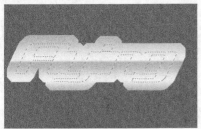

18 设置【扩展量】

选择【选择】▶【修改】▶【扩展】命令来扩展选区，在弹出的对话框中设置【扩展量】为5个像素。

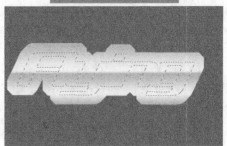

19 删除图像

选择【图层2】，按【Delete】键删除图像，效果如图所示。

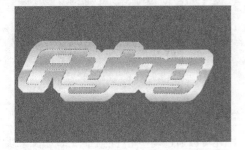

20 删除图像

选择【图层1】，按【Delete】键删除图像，完成后按【Ctrl+D】组合键取消选区效果如图所示。

21 打开素材

选择【文件】▶【打开】命令，打开本书配套光盘"光盘\素材\ch08\CD碟.psd文件，如图所示。

22 调整位置

使用【移动工具】将文字拖曳到CD碟画面中，并调整好位置，效果如图所示。

完成上面操作，保存文件。

高手私房菜

技巧1: 如何为Photoshop添加字体

在Photoshop CC中所使用的字体其实就是调用了Windows系统中的字体，如果感觉Photoshop中字库文字的样式太单调，则可以自行添加。具体的操作步骤如下。

（1）通常情况下，字体文件安装在Windows系统的Fonts文件夹下，可以在Photoshop CC中调用这些新安装的字体。

（2）对于某些没有自动安装程序的字体库，可以将其复制粘贴到Fonts文件夹进行安装即可。

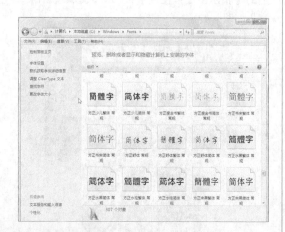

技巧2: 如何用【钢笔工具】和【文字工具】创建区域文字效果

使用Photoshop的【钢笔工具】和【文字工具】可以创建区域文字效果。具体的操作步骤如下。

1 打开素材	**2** 创建封闭路径
打开随书光盘中的"素材\ch08\8-5.jpg"文档。 	选择【钢笔工具】，然后在属性栏中单击【路径】按钮，创建封闭路径。 
3 输入文字	**4** 对路径进行调整
选择【文字工具】T.，将光标移至路径内，当光标变为形状时，在路径内单击并输入文字或将复制的文字粘贴到路径内即可。 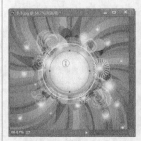 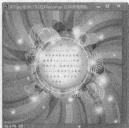	还可以通过调整路径的形状来调整文字块的形状。选择【直接选择工具】，然后对路径进行调整即可。 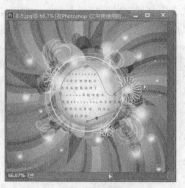

第9章

滤镜的使用

 本章视频教学时间：37 分钟

在 Photoshop CC 中，有传统滤镜和一些新滤镜，每一种滤镜又提供了多种细分的滤镜效果，为用户处理位图提供了极大的方便。本章的内容丰富有趣，可以按照实例步骤进行制作，建议打开光盘提供的素材文件进行对照学习，提高学习效率。

【学习目标】

通过本章了解 Photoshop CC 滤镜的基本概念，掌握滤镜的使用方法。

【本章涉及知识点】

【镜头校正】滤镜

【液化】滤镜

【消失点】滤镜

【风格化】滤镜

【扭曲】滤镜

【锐化】滤镜

【模糊】滤镜

滤镜分为内置滤镜和外挂滤镜两大类。内置滤镜是Photoshop CC自身提供的各种滤镜，外挂滤镜则是由其他厂商开发的滤镜，它们需要安装在Photoshop CC目录中才能使用。滤镜产生的复杂数字化效果源自摄影技术，滤镜不仅可以改善图像的效果并掩盖其缺陷，还可以在原有图像的基础上产生许多特殊的效果。

9.1 实例1——【镜头校正】滤镜：照片畸变矫正

本节视频教学时间：2分钟

使用广角镜头拍摄建筑物，通过倾斜相机使所有建筑物出现在照片中，结果就会产生扭曲、畸变，从镜头上看上去像是向后倒，使用【镜头校正】命令可修复此类图像。

1 打开素材	**2** 选择【镜头校正】命令
单击【文件】▶【打开】菜单命令，打开随书光盘中的"素材\ch09\9-13.jpg"素材图片。 	选择【滤镜】▶【镜头校正】菜单命令，弹出【镜头矫正】对话框。 
3 设置参数	**4** 单击【确定】按钮
在【镜头矫正】对话框中设置各项参数直到地平线垂直的线条与垂直网格平行。 	单击【确定】按钮。 

5 进行修剪

选择【裁剪工具】🔲，对画面进行修剪。确定修剪区域后，按【Enter】键确认。

小提示

【镜头矫正】命令还可以矫正桶形和枕形失真以及色差等，也可以用来旋转图像，修复由于相机垂直或水平倾斜而导致的图像透视问题。

9.2 实例2——【液化】滤镜：对脸部进行矫正

 本节视频教学时间：2分钟

【液化】滤镜可用于推、拉、旋转、反射、折叠和膨胀图像的任意区域。创建的扭曲可以是细微的或剧烈的，这就使【液化】命令成为修饰图像和创建艺术效果的强大工具。

（1）【向前变形工具】按钮：在拖动鼠标时可向前推动像素。

（2）【重建工具】按钮：用来恢复图像，在变形的区域单击拖动鼠标或拖动鼠标进行涂抹，可以使变形区域恢复为原来的效果。

（3）【膨胀工具】按钮：在图像中单击鼠标或拖动鼠标时可以使像素向画笔区域的中心移动，使图像产生向外膨胀的效果。

（4）【褶皱工具】按钮：在图像中单击鼠标或拖动鼠标时可以使像素向画笔区域的中心移动，使图像产生向内收缩的效果。

本节主要使用【液化】命令中的【向前变形工具】工具来对脸部进行矫正使脸型变得更加完美，具体操作如下。

1 打开素材

打开随书光盘中的"素材\ch09\9-1.jpg"文件。

2 选择【液化】命令

选择【滤镜】▶【液化】菜单命令.

3 设置参数

在弹出的【液化】对话框中选择【向前变形工具】工具，并在【液化】对话框中设置画笔大小为：100，画笔浓度为：50，画笔压力为：100，然后对图像脸部进行推移。

4 最终效果图

单击【确定】按钮，最终效果如图所示。

9.3 实例3——【消失点】滤镜：制作书籍封面效果

本节视频教学时间：3分钟

【消失点】滤镜可以简化在包含透视平面（如建筑物的侧面、墙壁、地面等）的图像中进行的透视校正编辑的过程。在消失点中，用户可以在图像中指定平面，然后应用绘画、仿制、拷贝或粘贴以及变换等编辑操作。下面来学习使用【消失点】滤镜制作书籍封面效果，具体操作如下。

1 打开素材

打开随书光盘中的"素材\ch09\9-2.jpg和9-3.jpg"文件。

2 创建透视平面

选择9-2.jpg图像文件，然后选择【滤镜】▶【消失点】菜单命令，在弹出的【消失点】对话框中单击【创建平面工具】，然后单击四下创建透视平面，不能出现红色，显示红色意思就是透视角度错误。

3 粘贴图片

接下来选择9-3.jpg图像文件，将背景图层转换成普通图层，在封面图层上按【Ctrl+A】全选，然后按组合键【Ctrl+C】复制，再次单击【滤镜】▶【消失点】菜单命令，进入【消失点】对话框中按组合键【Ctrl+V】粘贴图片。

4 调整图片

使用【变换工具】把粘贴的图片向透视框内拖拉，图片会自动按透视显示，然后调整图片的大小和位置。

5 最终效果

单击【确定】按钮，最终效果如图所示。

9.4 实例4——【风格化】滤镜：制作风格化效果

本节视频教学时间：2分钟

风格化滤镜主要针对图像的像素进行调整，可以强化图像的色彩的边界。因此，图像的对比度对风格化的一些滤镜影响是比较大的。【风格化】滤镜通过置换像素和查找增加图像的对比度，在选区中生成绘画或印象派的效果。在使用【查找边缘】和【等高线】等突出显示边缘的滤镜后，可应用【反相】命令用彩色线条勾勒彩色图像的边缘或用白色线条勾勒灰度图像的边缘。

9.4.1 风效果

风滤镜，可以在图像中，色彩相差比较大的边界上来增加一些水平的短线，来模拟一个刮风的效果。通过【风】滤镜可以在图像中放置细小的水平线条来获得风吹的效果。方法包括【风】、【大风】（用于获得更生动的风效果）和【飓风】（使图像中的线条发生偏移）。

9.4.2 拼贴效果

拼贴滤镜，可以使图像按照指定的设置，分裂出若干个正方形，并且可以设置正方形的位移，来实现拼贴的效果。【拼贴】滤镜将图像分解为一系列拼贴，使选区偏离其原来的位置。

【拼贴】对话框中的各个参数如下。

（1）拼贴数：设置行或者列中分裂出来的方块数量。

（2）最大位移：方块偏移原始位置的最大位置比例。

（3）填充空白区域：可设置瓷砖间的间隙以何种图案填充，包括【背景色】、【前景颜色】、【反向图像】和【未改变的图像】。

背景色：使用背景色面板中的颜色填充空白区域。

前景颜色：使用前景色面板中的颜色填充空白区域。

反向图像：将原图做一个反向效果，然后填充空白区域。

未改变的图像：使用原图来填充空白区域。

9.4.3 凸出效果

凸出滤镜可以将图像分解为三维的立方块，或者是金字塔凸出的效果。【凸出】滤镜赋予选区或图层一种3D纹理效果。

【凸出】对话框中的各个参数如下。

（1）类型：用于设定凸出类型，其中有两种类型：块和金字塔。

块：将图像分割成若干个块状，然后形成凸出效果。

金字塔：将图像分割成类似金字塔的三棱锥体，形成凸出效果。

（2）大小：设置块的大小，或者金字塔的底面大小。变化范围为2～255像素，以确定对象基底任一边的长度。

（3）深度：控制块的凸出的深度。输入1～255的值以表示最高的对象从挂网上凸起的高度。

（4）随机：可以是深度随机，为每个块或金字塔设置一个任意的深度。

（5）基于色阶：根据色阶的不同调整块的深度，使每个对象的深度与其亮度对应，越亮凸出得越多。

（6）立方体正面：勾选之后，将用块的平均颜色来填充立方体正面。

（7）蒙版不完整块：选中此复选框可以隐藏所有延伸出选区的对象。

9.5 实例5——【扭曲】滤镜：制作扭曲效果

本节视频教学时间：4分钟

扭曲滤镜可以使图像产生各种扭曲变形的效果。在扭曲滤镜中，包括了波浪，波纹，极坐标，挤压，切变，球面化，水波，旋转扭曲，置换。【扭曲】滤镜将图像进行几何扭曲，创建 3D 或其他整形效果。

小提示

这些滤镜可能占用大量内存。可以通过【滤镜库】来应用【扩散亮光】、【玻璃】和【海洋波纹】等滤镜。

9.5.1 波浪效果

选择【滤镜】▶【扭曲】▶【波浪】菜单命令就可以使用波浪效果。波浪效果是在选区上创建波状起伏的图案，像水池表面的波浪。

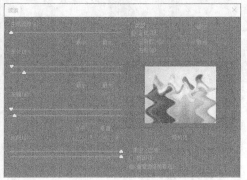

【波浪】对话框中的各个参数如下。

（1）生成器数：滑动滑块，可以控制波浪的数量，最大数量为999，用来设置产生波纹效果的震源总数。

（2）波长：波长可以分别调整最大值与最小值，最大值和最小值决定相邻波峰之间的距离，并且相互制约。最大值不可以小于或者等于最小值。

（3）波幅：波幅的最大值和最小值也是相互制约的，他们决定了波峰的高度。最大值也是不能小于或者等于最小值的

（4）比例：用滑动滑块，可以控制图像在水平或者垂直方向的变形程度。

（5）类型：【正弦】、【三角形】和【方形】分别设置产生波浪效果的形态，如图所示。

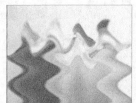

9.5.2 玻璃效果

玻璃滤镜，可以实现一种玻璃效果。但是，不能应用于CMYK以及LAB模式的图像上。

在设置面板中，我们可以调整扭曲度，以及平滑度，还可以选择玻璃的纹理效果。

【玻璃】滤镜使图像看起来像是透过不同类型的玻璃来观看的。可以选取一种玻璃效果，也可以将自己的玻璃表面创建为 Photoshop 文件并应用它。

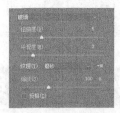

【玻璃】对话框中的各个参数如下。

（1）扭曲度：可以控制图像的扭曲程度，范围最大是20。

（2）平滑度：使扭曲的图像变得平滑，范围最大为15。

（3）纹理：在该选项的下拉框中可选择扭曲时产生的纹理，包括【块状】、【画布】、【磨砂】和【小镜头】。

（4）缩放：调整纹理的缩放大小。

（5）反向：选择该项，可反转纹理效果。

9.5.3　挤压效果

挤压滤镜，可以使图像产生一种凸起，或者是凹陷的效果。

设置面板中，可以通过调整数量，来控制挤压的轻度。数量为正，则是向内挤压，数量为负，则是向外挤压，形成凸出的效果。

9.5.4　旋转扭曲效果

【旋转扭曲】滤镜用于旋转选区，中心的旋转程度比边缘的旋转程度大。指定角度时可生成旋转扭曲图案。

 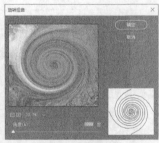 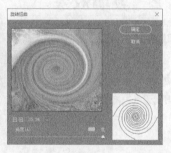

9.6 实例6——【锐化】滤镜：图像清晰化处理

本节视频教学时间：3分钟

锐化滤镜可以使模糊的图像变得清晰，使用锐化滤镜，会自动增加图像中相邻像素的对比度，从而使整体看起来清晰一些。在锐化滤镜中，包括了USM锐化，锐化，进一步锐化，锐化边缘，智能锐化，五种滤镜效果。【锐化】滤镜通过增加相邻像素的对比度来聚焦模糊的图像。

9.6.1　USM锐化效果

　　USM锐化是一个常用的技术，简称USM，是用来锐化图像中的边缘的。可以快速调整图像边缘细节的对比度，并在边缘的两侧生成一条亮线一条暗线，使画面整体更加清晰。对于高分辨率的输出，通常锐化效果在屏幕上显示比印刷出来的更明显。

　　【USM锐化】对话框中的各个参数如下。

　　（1）数量：通过滑动滑块，调整数量，可以控制锐化效果的强度。

　　（2）半径：指的是锐化的半径大小。该设置决定了边缘像素周围影响锐化的像素数。图像的分辨率越高，半径设置应越大。

　　（3）阈值：是相邻像素的比较值。阈值越小，锐化效果越明显。该设置决定了像素的色调必须与周边区域的像素相差多少才被视为边缘像素，进而使用USM滤镜对其进行锐化。默认值为0，这将锐化图像中所有的像素。

9.6.2　智能锐化效果

　　智能锐化滤镜的设置比较高级，我们可以控制锐化的强度，可以有针对性的移去图像中模糊的效果，还可以针对高光和阴影部分进行锐化的设置。【智能锐化】滤镜具有【USM锐化】滤镜所没有的锐化控制功能，可以设置锐化算法，或控制在阴影和高光区域中的锐化量，而且能避免色晕等问题，起到使图像细节清晰起来的作用。

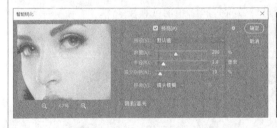

　　【智能锐化】对话框中的各个参数如下。

　　（1）数量：调整滑块，可以控制锐化的强度。

　　（2）半径：可以调整锐化效果的半径大小，决定边缘像素周围受锐化影响的锐化数量，半径越大，受影响的边缘就越宽，锐化的效果也就越明显。

　　（3）减少杂色：减少因锐化产生的杂色效果，加大值会较少锐化效果。

　　（4）移去：设置对图像进行锐化的锐化算法。【高斯模糊】是【USM锐化】滤镜使用的方法；【镜头模糊】将检测图像中的边缘和细节；【动感模糊】尝试减少由于相机或主体移动而导致的模糊效果。

9.7 实例7——【模糊】滤镜：图像柔化处理

本节视频教学时间：5分钟

【模糊】滤镜柔化选区或整个图像，这对于修饰非常有用。它们通过平衡图像中已定义的线条和遮蔽区域的清晰边缘旁边的像素，使变化显得柔和。

9.7.1 动感模糊效果

模糊滤镜主要是使图像柔和，淡化图像中不同的色彩边界，可以适当掩盖图像的缺陷。

动感模糊可以对图像，沿着指定的方向，以及指定的距离来进行模糊。【动感模糊】滤镜沿指定方向（-360°～+360°）以指定强度（1～999）进行模糊。此滤镜的效果类似于以固定的曝光时间给一个移动的对象拍照。

【动感模糊】对话框中的各个参数如下。

角度：用来设置模糊的方向，可以输入角度数值，也可以拖动指针调整角度。

距离：用来设置像素移动的距离。

9.7.2 表面模糊效果

表面模糊滤镜可以在保留色彩边缘的同时，模糊图像，用于创建特殊效果，并且消除杂色。【表面模糊】滤镜在保留边缘的同时模糊图像。其用于创建特殊效果并消除杂色或粒度。

【表面模糊】对话框中的各个参数如下。

（1）半径：以像素为单位，滑动滑块指定模糊取样区域的大小。

（2）阈值：以色阶为单位，控制相邻像素色调值与中心像素值相差多大时才能成为模糊的一部分。色调值相差小雨阈值的像素不会被模糊。

9.7.3 高斯模糊效果

高斯模糊可以按照一定的半径数值，来给图像产生一种朦胧的模糊效果。点击菜单选择【滤镜】▶
【模糊】▶【高斯模糊】可以创建模糊效果。【高斯模糊】滤镜使用可调整的量快速模糊选区。高斯
是指当Photoshop将加权平均应用于像素时生成的钟形曲线。【高斯模糊】滤镜添加低频细节，并产
生一种朦胧效果。

9.7.4 径向模糊效果

径向模糊可以模拟移动相机，或者旋转相机产生的模糊效果，产生一种柔化的模糊。

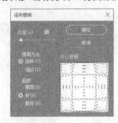  

【径向模糊】对话框中的各个参数如下。

中心模糊：在该设置框内单击鼠标便可以将单击点设置为模糊的原点，原点的位置不同，模糊的
效果也不同。

数量：可以控制模糊的强度，范围在1到100，该值越高，模糊效果越强烈。

品质：品质分为草图、好、最好，用来设置应用模糊效果后图像的显示品质。

9.7.5 景深效果

所谓景深，就是当焦距对准某一点时其前后都仍可清晰的范围。它能决定是把背景模糊化来突出
拍摄对象，还是拍出清晰的背景。镜头模糊滤镜是一个比较实用的滤镜，可以用来模拟景深效果，以
便使图像中的一些对象在焦点内，而使另一些区域变模糊。

如图所示，如果需要将人物后面的场景进行模糊，镜头中的人物还是清晰的，需要将人物建立选
区，然后再创建选区通道，再在【镜头模糊】对话框的【源】中选择该通道即可。

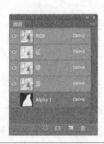 

【镜头模糊】对话框中的各个参数如下。

（1）光圈：用来设置模糊的显示方式。

（2）镜面高光：用来设置镜面高光的范围。

9.8 实例8——【艺术效果】滤镜：制作艺术效果

本节视频教学时间：2分钟

艺术效果滤镜组中，包含了很多艺术滤镜，可以模拟一些传统的艺术效果，或者一些天然的艺术效果。

艺术效果滤镜是滤镜库中的滤镜，所以，如果在当前的【滤镜】菜单下，看不到【艺术效果】滤镜的时候，按【Ctrl+K】组合键，弹出首选项的设置面板。

使用【艺术效果】子菜单中的滤镜，可以为美术或商业项目制作和提供绘画效果或艺术效果。例如，使用【木刻】滤镜进行拼贴或印刷。这些滤镜模仿自然或传统介质效果，可以通过【滤镜库】来应用所有【艺术效果】滤镜。

9.8.1 制作壁画效果

【壁画】滤镜使用短而圆的、粗略涂抹的小块颜料，以一种粗糙的风格绘制图像。

壁画滤镜，模拟一种使用小块颜料来粗糙绘制图像的效果。设置面板中，我们可以调整画笔大小，细节和纹理。

（1）画笔大小：滑动滑块，可以调整画笔大小，改变描边颜料块的大小。

（2）画笔细节：用来调整图像中细节的程度。

（3）纹理：可以调整纹理的对比度。

9.8.2 制作彩色铅笔效果

【彩色铅笔】滤镜使用彩色铅笔在纯色背景上绘制图像，保留重要边缘，外观呈粗糙阴影线，纯色背景色透过比较平滑的区域显示出来。

彩色铅笔模拟使用彩色铅笔，在纯色背景上绘制图像的效果。【彩色铅笔】对话框中的各个参数如下。

（1）铅笔宽度：滑动滑块，可以调整笔触的宽度大小。

（2）描边压力：调整铅笔描边的对比度效果。

（3）纸张亮度：调整背景色的明亮度。

9.8.3 制作底纹效果

【底纹效果】滤镜在带纹理的背景上绘制图像，然后将最终图像绘制在该图像上。

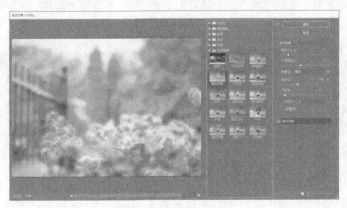

底纹效果滤镜，可以将选择的纹理效果，与图像融合在一起，【底纹效果】对话框中的各个参数如下。

画笔大小：滑动滑块设置产生底纹的画笔大小，该值越高，绘画效果越强烈。

纹理覆盖：控制纹理与图像的融合程度。

纹理：可以选砖形、画布、粗麻布、砂岩等纹理效果。

缩放：用来设置纹理大小。

凸现：调整纹理表面的深度。

光照方向：可以选择不同的光源照射方向。

反相：将纹理的表面亮色和暗色翻转。

9.8.4 制作调色刀效果

【调色刀】滤镜用来减少图像中的细节以生成描绘得很淡的画布效果，可以显示出下面的纹理。

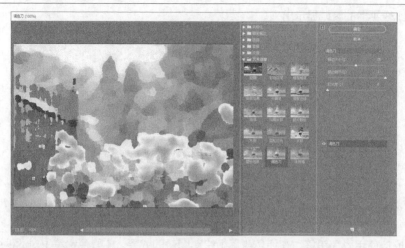

调色刀滤镜会降低图像的细节，并淡化图像，实现出一种在湿润的画布上绘画的效果，【调色刀】对话框中的各个参数如下。

描边大小：调整色块的大小。

线条细节：控制线条刻画的强度大小。

软化度：淡化色彩边界。

9.8.5　制作干画笔效果

【干画笔】滤镜使用干画笔技术（介于油彩和水彩之间）绘制图像边缘。此滤镜通过将图像的颜色范围降到普通颜色范围来简化图像。

利用干画笔滤镜，可以模拟一种，油画与水彩画之间的一个艺术效果，【干画笔】对话框中的各个参数如下。

画笔大小：可以调整画笔笔触的大小，此值越细，图像更清晰。

画笔细节：调节笔触和细腻程度。

纹理：调整结果图像纹理显示的强度。

9.8.6　制作海报边缘效果

【海报边缘】滤镜根据设置的海报化选项减少图像中的颜色数量（对其进行色调分离），并查找图像的边缘，在边缘上绘制黑色线条。大而宽的区域有简单的阴影，细小的深色细节遍布图像。

　　海报边缘滤镜，可以自动识别图像的边缘，并且使用黑色的线条来绘制边缘部分，【海报边缘】对话框中的各个参数如下。

　　边缘厚度：滑动滑块，调整边缘绘制的柔和成度。

　　边缘强度：滑动滑块，可以调整边缘刻画的强度。

　　海报化：调整图像中颜色的数量。

9.8.7　制作胶片颗粒效果

　　【胶片颗粒】滤镜将平滑图案应用于阴影和中间色调。将一种更平滑、饱和度更高的图案添加到亮区。在消除混合的条纹和将各种来源的图素在视觉上进行统一时，此滤镜非常有用。

　　胶片颗粒滤镜，可以给图像中增加一些颗粒效果，【胶片颗粒】对话框中的各个参数如下。

　　颗粒：设置图像上分布黑色颗粒的数量和大小。

　　高光区域：设置高亮区域的颗粒总数。此值越大，高亮区域的颗粒总数越少。

　　强度：控制颗粒效果的强度。此值越小，强度越强烈。

9.8.8　制作木刻效果

　　【木刻】滤镜使图像看上去好像是由彩纸上剪下的边缘粗糙的剪纸片组成的。高对比度的图像看起来呈剪影状，而彩色图像看上去是由几层彩纸组成的。

木刻滤镜，可以实现一种在木头上雕刻的简单效果，【木刻】对话框中的各个参数如下。

色阶数：控制色阶的数量，可以控制图像显示的颜色多少。

边缘简化度：可以控制图像色彩边缘简化的程度，此值越大，边缘即很快简化为背景色。可在几何形状不太复杂时产生真实的效果。

边缘逼真度：控制图像色彩边缘的细节。

9.8.9　制作霓虹灯光效果

【霓虹灯光】滤镜将各种类型的灯光添加到图像中的对象上。此滤镜用于在柔化图像外观时给图像着色。要选择一种发光颜色，请单击发光框，并从拾色器中选择一种颜色。

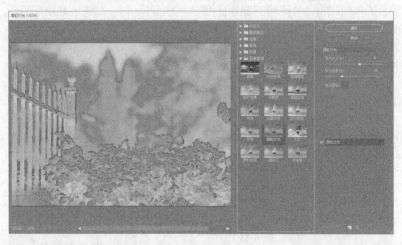

霓虹灯光滤镜，可以模拟霓虹灯照射的效果。图像的背景将会使用前景色填充，【霓虹灯光】对话框中的各个参数如下。

发光大小：数值为正，则照亮图像，数值为负，则使图像变暗。

发光亮度：设置发光的亮度。

发光颜色：点击色块，可以更改发光的颜色。

9.8.10　制作水彩效果

【水彩】滤镜以水彩的风格绘制图像，使用蘸了水和颜料的中号画笔绘制以简化细节。当边缘有显著的色调变化时，此滤镜会使颜色饱满。

水彩滤镜，可以模拟一种水彩风格的图像效果。【水彩】滤镜对话框中的各个参数如下。

画笔细节：可以设置画笔的细腻程度，保留图像边缘细节，

阴影强度：设置图像阴影的强度大小。

纹理：控制纹理显示的强度。

9.8.11　制作塑料包装效果

【塑料包装】滤镜给图像涂上一层光亮的塑料，以强调表面细节。

塑料包装滤镜，可以模拟一种发光塑料覆盖的效果，【塑料包装】对话框中的各个参数如下。

高光强度：设置高亮点的亮度。

细节：设置细节的复杂程度。

平滑度：设置光滑程度。

9.8.12　制作涂抹棒效果

【涂抹棒】滤镜使用短的对角描边涂抹暗区以柔化图像，使亮区变得更亮，以致失去细节。

涂抹棒滤镜，可以使用对角线描边涂抹图像的暗部，从而使图像变得柔和，【涂抹棒】对话框中的各个参数如下。

描边长度：可以控制笔触线条的大小。

高光区域：可以改变图像的高光范围。

强度：设置涂抹强度，此值越大，反差效果越强。

9.9 实例9——Eye Candy滤镜——制作铁锈效果

本节视频教学时间：5分钟

本实例讲述如何利用【Eye Candy 7】外挂滤镜为材质添加特效，具体操作步骤如下。

1 打开素材

打开随书光盘中的"素材\ch09\9–17.jpg"文件。

2 建立选区

使用【磁性套锁工具】建立铁管的选区。

3 打开设置对话框

选择【滤镜】➤【Alien Skin】➤【Eye Candy 7】菜单命令，打开设置对话框。

4 选择类型

在弹出的对话框中选择具体的类型，这里选择【Rust】选项，单击【OK】按钮。

5 效果如下

效果如下图所示。

6 最终效果

根据实际情况使用套锁工具选择应该有锈迹的地方,然后删除,并使用【变暗】的图层混合模式,最终效果如下图所示。

举一反三

本实例学习使用制作色彩绚丽的炫光空间背景,制作过程不复杂,主要用到的是【镜头光晕】和【波浪】滤镜。由于随机性比较强,每一次做的效果都可能有变化。

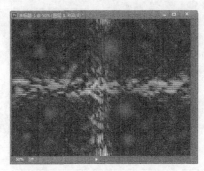

结果\ch09\炫光空间.jpg

第1步: 新建文件

1 新建文件

选择【文件】➤【新建】菜单命令,新建一个文件。

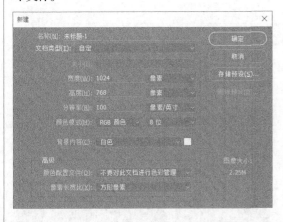

2 选择【云彩】命令

选择【滤镜】➤【渲染】➤【云彩】命令,效果如图所示。

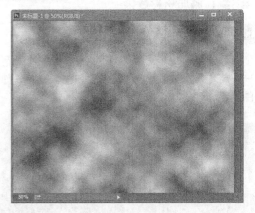

第2步：添加滤镜效果

1 设置参数

选择选择【滤镜】▶【像素化】▶【马赛克】命令，设置【单元格大小】为10，设置参数如图所示。

2 设置参数

选择【滤镜】▶【模糊】▶【径向模糊】命令，参数设置如图所示。

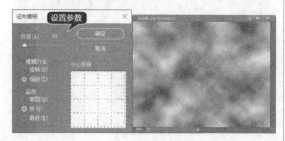

3 设置参数

选择【滤镜】▶【风格化】▶【浮雕效果】命令，参数设置如图所示。

4 选择【强化的边缘】命令

选择【滤镜】▶【滤镜库】▶【画笔描边】▶【强化的边缘】命令，效果如图所示。

5 创建线条效果

选择【滤镜】▶【风格化】▶【查找边缘】命令，创建清晰的线条效果，按键盘【Ctrl+I】快捷键将图像反相，效果如图所示。

第3步：添加炫彩效果

1 使图像变暗

按键盘【Ctrl+L】快捷键打开【色阶】对话框，将【阴影】滑块向右拖动，使图像变暗，如图所示。

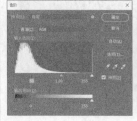

2 设置参数

在【调整面板】中单击【照片滤镜】按钮，在【滤镜】下拉列表中选择"蓝"，设置【浓度】为100%，如图所示。

3 调整渐变颜色

选择【渐变工具】■，在工具选项栏中单击【径向渐变】■按钮，并单击【渐变颜色】条 ■，打开【渐变编辑器】，调整渐变颜色，如图所示。

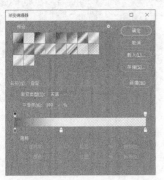

4 填充渐变颜色

新建一个图层，填充一些小的渐变颜色，完成滤镜打造神秘炫光空间效果图。

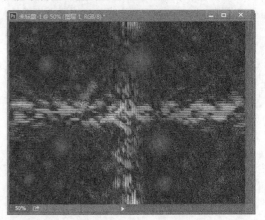

高手私房菜

技巧1：使用滤镜给照片去噪

精美的照片往往由于相机品质或者ISO设置不正确等原因，DC照片会有明显噪点，但是，通过后期处理可以将这些问题解决。下面将为大家介绍如何在Photoshop中为照片去除噪点。具体的操作步骤如下。

1 打开素材

打开随书光盘中的"素材\ch09\桃花.jpg"文件。

2 选择【去斑】命令

将图像显示放大至200%，以便局部观察。选取【滤镜】➤【杂色】➤【去斑】菜单命令，执行后你会发现细节表现略好，不过会存在画质丢失的现象。

3 设置完成	4 进行锐化处理

再选取菜单命令【滤镜】▶【杂色】▶【蒙尘与划痕】菜单命令。通过调节【半径】和【阈值】滑块，同样可以达到去噪效果，通常半径值1像素即可；而阈值可以对去噪后画面的色调进行调整，将画质损失减少到最低。设置完成后按下【确定】按钮即可。

最后可适当用锐化工具对花朵的重点表现部分进行锐化处理即可。

技巧2：Photoshop CC滤镜与颜色模式

如果Photoshop CC【滤镜】菜单中的某些命令显示为灰色，就表示它们无法执行。通常情况下，这是由于图像的颜色模式造成的。RGB模式的图像可以使用全部滤镜，一部分滤镜不能用于CMYK模式的图像，索引和位图模式的图像则不能使用任何滤镜。如果要对CMYK、索引或位图模式图像应用滤镜，可在菜单栏选择【图像】▶【模式】▶【RGB颜色】命令，将其转换为RGB模式。

第10章

Photoshop CC 在照片处理中的应用

 本章视频教学时间：51 分钟

我们拍摄的照片可以通过 Photoshop 进行各种处理和修饰。结合 Photoshop 强大的功能，再普通的相机，也可以打造出绚丽的风景。

【学习目标】

通过本章了解综合运用各种工具来处理照片的方法。

【本章涉及知识点】

- 人物照片处理
- 风景照片处理
- 婚纱照片处理
- 写真照片处理
- 中老年照片处理
- 儿童照片处理

10.1 实例1——人物照片处理

 本节视频教学时间：16分钟

本节学习使用Photoshop CC处理一些人物照片图像。例如人像照片曝光问题、偏色问题和五官修整等。

10.1.1 修复曝光照片

本实例主要讲解使用【自动对比度】、【自动色调】和【曲线】等命令来修复曝光过强的照片。制作前后效果如图所示。

素材\ch10\10-1.jpg

结果\ch10\修复曝光.jpg

1 打开素材

选择【文件】▶【打开】菜单命令，打开随书光盘中的"素材\ch10\10-1.jpg"素材图片。

2 调整图像对比度

选择【图像】▶【自动色调】菜单命令，调整图像颜色，选择【图像】▶【自动对比度】菜单命令，调整图像对比度。

3 选择【曲线】命令

选择【图像】▶【调整】▶【曲线】菜单命令。

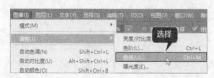

4 调整曲线

在弹出的【曲线】对话框中，拖拉曲线调整图像的颜色。

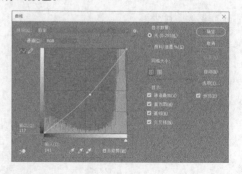

5 单击【确定】按钮

单击【确定】按钮。

6 调整图像亮度 / 对比度

选择【图像】➤【调整】➤【亮度/对比度】菜单命令，调整图像亮度和对比度如图所示。

7 选择【色彩平衡】命令

选择【图像】➤【调整】➤【色彩平衡】菜单命令。

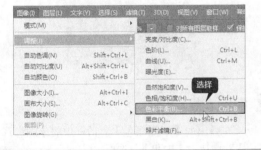

8 设置色阶

在弹出的【色彩平衡】对话框中，设置【色阶】分别为"49、–9、–21"。

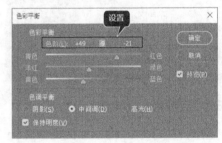

9 最终效果

单击【确定】按钮，调整后的效果如下图所示。

小提示

【自动色调】命令可以增强图像的对比度，在像素平均分布并且需要以简单的方式增强对比度的特定图像中，该命令可以提供较好的结果。在使用 Photoshop 修复照片的第一步就可使用此命令来调整图像。

10.1.2 调整偏色照片

造成彩色照片偏色的主要原因是拍摄和采光问题，对于这些问题我们可以用Photoshop的【匹配颜色】和【色彩平衡】命令轻松地修复严重偏色的图片。修复前后效果如图所示。

素材\ch10\偏色照片.jpg　　　　　　　　结果\ch10\调整偏色.jpg

1 打开素材

选择【文件】➤【打开】菜单命令，打开"素材\ch10\偏色照片.jpg"。

2 创建图层

在【图层】面板中，单击选中【背景】图层并将其拖至面板下方的【创建新图层】按钮上，创建【背景副本】图层。

3 选择【匹配颜色】命令

选择【图像】➤【调整】➤【匹配颜色】菜单命令。

4 选中【中和】复选框

在弹出的【匹配颜色】对话框中的【图像选项】栏中选中【中和】复选框。

5 单击【确定】按钮

单击【确定】按钮。

小提示

使用【匹配颜色】命令能够使一幅图像的色调与另一幅图像的色调自动匹配，这样就可以使不同图片拼合时达到色调统一的效果，或者对照其他图像的色调修改自己的图像色调。

6 选择【色彩平衡】命令

选择【图像】➤【调整】➤【色彩平衡】菜单命令。

7 设置色阶

在弹出的【色彩平衡】对话框中，设置【色阶】分别为"+43、-13、-13"。

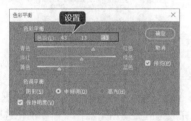

8 调整后的效果

单击【确定】按钮，调整后的效果如下图所示。

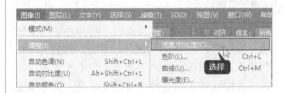

9 选择【亮度 / 对比度】命令

选择【图像】➤【调整】➤【亮度/对比度】菜单命令。

10 调整亮度 / 对比度

在弹出的【亮度/对比度】对话框中，拖动滑块来调整图像的亮度和对比度（或者设置【亮度】为-41，【对比度】为100）。

11 最终效果

单击【确定】按钮。

10.1.3　更换人物发色

如果觉得头发的颜色不好看，想要尝试新的发色却不知道效果如何，本小节就要教大家如何改变头发的颜色。本示例效果前后对比如图所示。

素材\ch10\更换发色.jpg　　　　结果\ch10\更换发色.jpg

1　打开素材

选择【文件】▶【打开】命令，打开"光盘\素材\ch10\更换发色.jpg"图片。

2　复制图层

打开图片后，复制【背景】图层，得到【背景 拷贝】图层。

3　设置羽化

选择【磁性套索】工具，在【选项】栏中，接受【羽化】的默认值0，并接受默认的【消除锯齿】选项。使用工具创建选区时，一般都不羽化选区。如果需要，可在完成选区后使用【羽化】命令羽化选区。

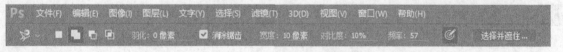

4　拖动区域

拖动想要选择的区域，拖动时Photoshop会创建锚点。

5　调整抠图区域

单击【属性面板】右侧的【选择并遮住】按钮，即可打开【选择并遮住】窗口，然后，可以利用【属性面板】中的【画笔】和【橡皮擦】来调整抠图区域，同时可以设置【画笔】及【橡皮擦】的大小。

第10章 Photoshop CC 在照片处理中的应用

6　抠取头发

在调整过程中，适当的增大【边缘检测】半径，以达到更加理想的抠图效果，点击【确定】按钮之后，就会发现人物头发被完全抠取出来。

7　填充选区

新建图层，将前景色设置为想要的头发颜色，用【油漆桶工具】填充到选区内。按【Ctrl+D】组合键取消选择。

8　调整图层混合模式

将发色图层的混合模式改为【柔光】，选择【橡皮擦工具】对边缘部分多出的颜色涂抹。这样效果就出来了。

10.1.4　美化人物双瞳

本实例介绍使用Photoshop中的【画笔工具】和【液化】命令快速地将小眼睛变为迷人的大眼睛的方法。制作前后效果如图所示。

素材\ch10\小眼睛.jpg　　　　　　　　结果\ch10\小眼变大眼.jpg

1　打开素材

选择【文件】➤【打开】菜单命令，打开随书光盘中的"素材\ch10\小眼睛.jpg"。

2　设置【液化】参数

选择【滤镜】➤【液化】菜单命令，在弹出的【液化】对话框中设置【画笔大小】为50、【画笔浓度】为50、【画笔压力】为100、【模式】为平滑，单击左侧的【向前变形工具】按钮 。

3 调整右眼	**4** 修改左眼
使用鼠标在右眼的位置从中间向外拉伸。	修改完成右眼后继续修改左眼。

5 最终效果

单击【确定】按钮。修改完成后，小眼睛变迷人大眼睛的最终效果如右图所示。

10.1.5　美白人物牙齿

在Ptotoshop CC中应用几个步骤就可以轻松地为人像照片进行美白牙齿。如果对象的牙齿有均匀的色斑，应用此技术可以使最终的人物照看上去要好得多。下图所示为美白牙齿的前后对比效果。

素材\ch10\美白牙齿.jpg　　　　　结果\ch10\美白牙齿.jpg

可以使用以下步骤美白牙齿。

1 打开素材	**2** 创建选区
选择【文件】▶【打开】命令，打开"光盘\素材\ch10\美白牙齿.jpg"图像。	使用【套索】工具在对象的牙齿周围创建选区。

3 设置羽化值

选择【选择】▶【修改】▶【羽化】命令打开【羽化】对话框，羽化选区1像素。羽化选区可以避免美白的牙齿与周围区域之间出现的锐利边缘。

4 创建"曲线"调整图层

选择【图像】▶【调整】▶【曲线】命令，创建【曲线】调整图层。

5 调整曲线

在【曲线】对话框中，对曲线进行调整，如图所示。

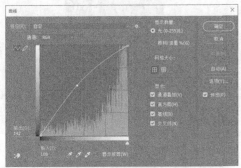

小提示

如果要润色的照片中对象的牙齿具有不均匀的色斑，可以减淡深色色斑或加深浅色色斑，使其与牙齿的一般颜色匹配。

6 绘制完成

选择【图像】▶【调整】▶【色彩平衡】命令调整图层。绘制完成后的最终效果如图所示。

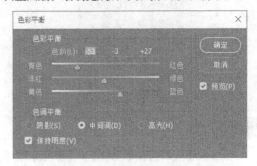

10.1.6 打造V字脸

拍摄完照片之后，可能会因为各种原因发现自己的脸型拍的很不好看，或者对自己的脸型本来就不满意，又想有一张完美的照片发布到网上，这个时候可以利用Photoshop的液化工具，非常轻松地修改一下脸型，制作前后效果如图所示。

素材\ch10\V字脸.jpg　　　　　结果\ch10\V字脸.jpg

1　打开素材

打开随书光盘中的"素材\ch10\ V字脸.jpg"。

2　复制背景图层

复制背景图层，一定要养成这个习惯，如果操作不当，不会损坏原图层。

3　选择【液化】命令

选择新图层，选择【滤镜】▶【液化】菜单命令。

4　调整画笔大小

弹出【液化】对话框，选择左上角第一个【向前变形工具】，并在右侧工具选项调整画笔大小，选择合适的画笔。

5　细节调整

可以用【Ctrl++】键放大图片，以便进行细节调整，用画笔点选需要调整的位置，小幅度拖曳，如图所示。

6　调整脸型

细心调整脸型得到自己想要的脸型，最终效果如图所示。

10.1.7 人物手臂瘦身

对自己的手臂较粗不满意的时候可以利用Photoshop的液化工具，非常轻松地修改一下手臂，制作前后效果如图所示。

素材\ch10\手臂瘦身.jpg　　　　结果\ch10\手臂瘦身.jpg

1 打开素材

打开随书光盘中的"素材\ch10\手臂瘦身.jpg"。

2 复制背景图层

复制背景图层，同样应养成这个习惯。

3 选择【液化】命令

选择新图层，选择【滤镜】➤【液化】菜单命令。

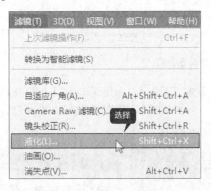

4 调整画笔大小

弹出【液化】对话框，选择左上角第一个【向前变形工具】，并在右侧工具选项调整画笔大小，选择合适的画笔。

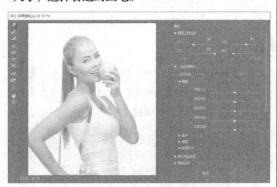

5	细节调整

可以用【Ctrl++】键放大图片，以便进行细节调整，用画笔点选需要调整的位置，小幅度拖曳，如图所示。

6	最终效果

细心调整达到需要的效果，效果如图所示。

10.2 实例2——风景照片处理

 本节视频教学时间：6分钟

本节来介绍风景照片的处理方法，例如对风景照片的调色和后期的调整等。

10.2.1 制作秋色调效果

深邃幽蓝的天空、悄无声息的马路、黄灿灿的法国梧桐树。无论从什么角度，取景框里永远是一幅绝美的图画。但如果天气不给力，树叶不够黄，如何使拍摄的照片更加充满秋天的色彩呢？下面为大家介绍一个简单易学的摄影后期处理方法，制作前后效果如图所示。

素材\ch10\秋色调效果.jpg

结果\ch10\秋色调效果.jpg

1	打开素材

打开随书光盘中的"素材\ch10\秋色调效果.jpg"，在【图像】中把图片颜色模式由【RGB颜色】模式改为【Lab颜色】模式。

2	复制背景图层

复制背景图层，把图层改成【正片叠底】的模式，并把图层【不透明度】调为"50%"，如图所示。

3 更改颜色模式

颜色模式改回RGB，并合并图层。

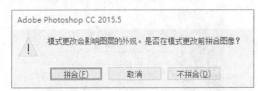

4 更改混合模式

再次复制图层，并把图层混合模式改为【滤色】，并把【不透明度】调到"60%"。

5 调整图层

在图层中选择【通道混合器】调整图层，调参数如图所示。

6 调整曲线

最后根据图像需要调整一下【曲线】，最终效果如图所示。

10.2.2 风景照片清晰化

本实例主要使用复制图层、亮度和对比度、曲线和叠加模式等命令处理一张带有雾蒙蒙的效果的风景图，通过处理，让照片重新显示明亮、清晰的效果。制作前后效果如图所示。

素材\ch10\雾蒙蒙.jpg　　　　　　　　　结果\ch10\修复雾蒙蒙.jpg

1 打开素材

打开随书光盘中的"素材\ch10\雾蒙蒙.jpg"素材图片。

2 选择【复制图层】命令

选择【图层】➤【复制图层】菜单命令。

3 复制图层

弹出【复制图层】对话框。单击【确定】按钮。

4 选择【高反差保留】命令

选择【滤镜】➤【其他】➤【高反差保留】菜单命令。

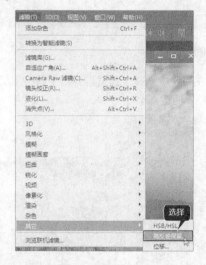

5 输入半径

弹出【高反差保留】对话框。在【半径】文本框中输入"5"像素，单击【确定】按钮。

6 选择【亮度/对比度】命令

选择【图像】➤【调整】➤【亮度/对比度】菜单命令。

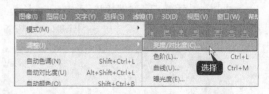

7 设置亮度 / 对比度

弹出【亮度/对比度】对话框。设置【亮度】为-10、【对比度】为30，单击【确定】按钮。

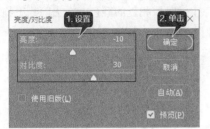

8 设置图层模式

在【图层】面板中，设置图层模式为【叠加】选项、【不透明度】为80%。

9 选择【曲线】命令

选择【图像】➤【调整】➤【曲线】菜单命令。

10 设置参数

弹出【曲线】对话框，设置输入和输出参数。读者可以根据预览的效果调整不同的参数，直到效果满意为止。

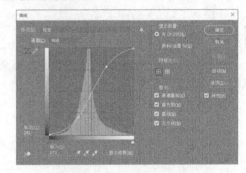

11 完成设置

单击【确定】按钮，完成设置，参看最终效果。

10.2.3　去除照片上的多余景物

在拍照的时候，照片上难免会出现一些自己不想要的人或物体，下面就来使用【仿制图章工具】和【曲线】等命令清除照片上多余的人或景物。制作前后效果如图所示。

素材\ch10\多余物.jpg

结果\ch10\去除照片上的多余物.jpg

1 打开素材

选择【文件】➤【打开】菜单命令，打开随书光盘中的"素材\ch10\多余物.jpg"素材图片。

2 使用仿制图章工具

选择【仿制图章工具】，并在其参数设置栏中进行设置，在需要去除物体的边缘按住【Alt】键吸取相近的颜色，在去除物上拖曳去除。

3 选择【曲线】命令

多余物全部去除后，选择【图像】➤【调整】➤【曲线】菜单命令。

4 调整图像亮度

在弹出的【曲线】对话框中拖曳曲线以调整图像亮度（或者在【输出】文本框中输入"142"，【输入】文本框中输入"121"）。

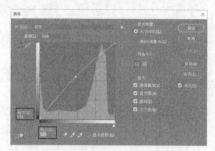

5 完成修饰

单击【确定】按钮，完成图像的修饰。

10.3 实例3——婚纱照片处理

本节视频教学时间：2分钟

本节来介绍婚纱照片的处理方法，例如对婚纱照片的调色和后期的调整等。

10.3.1 为婚纱照片添加相框

本实例主要使用Photoshop CC【动作】面板中自带的命令为古装婚纱照添加木质画框的效果。

制作前后效果如图所示。

素材\ch10\婚纱照.jpg

结果\ch10\婚纱照.jpg

1 打开素材

单击【文件】➤【打开】菜单命令，打开随书光盘中的"素材\ch10\婚纱照.jpg"素材图片。

2 打开【动作】面板

选择【窗口】➤【动作】菜单命令，打开【动作】面板。

3 单击【播放选定动作】按钮

在【动作】面板中选择【木质画框】，然后单击面板下方的【播放选定动作】按钮▶。

4 播放完毕

播放完毕的效果如图所示。

小提示

在使用【木质像框】动作时，所选图片的宽度和高度均不能低于100像素，否则此动作将不可用。

10.3.2 为婚纱照片调色

本实例主要使用Photoshop CC【动作】面板中自带的命令将艺术照快速设置为棕褐色照片。制作前后效果如图所示。

素材\ch10\艺术照.jpg　　　　　结果\ch10\单色艺术照.jpg

1 单击【打开】命令

单击【文件】➤【打开】菜单命令。

2 打开素材

打开随书光盘中的"素材\ch10\艺术照.jpg"素材图片。

3 打开【动作】面板

选择【窗口】➤【动作】菜单命令，打开【动作】面板。

4 单击【播放选定动作】按钮

在【动作】面板中选择【棕褐色调图层】，然后单击面板下方的【播放选定动作】按钮 ▶ 。

5 播放完毕

播放完毕的效果如下图所示。

小提示

在 Photoshop CC 中，【动作】面板可以快速为照片设置理想的效果，用户也可以新建动作，为以后快速处理照片准备条件。

10.4 实例4——写真照片处理

 本节视频教学时间：12分钟

本节主要介绍如何制作一些图像特效，特效的制作方法非常多，这里只是画龙点睛，大家可以根据自己的创意想法制作出许多不同的图像特效。

10.4.1 制作光晕梦幻效果

本例介绍非常实用的光晕梦幻画面的制作方法。主要使用用到的是自定义画笔，制作之前需要先做出一些简单的图形，不一定是圆圈，其他图形也可以。定义成画笔后就可以添加到图片上面，适当改变图层混合模式及颜色即可，也可以多加几层用模糊滤镜来增强层次感。制作前后效果如图所示。

素材\ch10\梦幻效果.jpg

结果\ch10\光晕梦幻效果.jpg

1 打开素材

打开随书光盘中的"素材\ch10\梦幻效果.jpg"，创建一个新图层。

2 绘制圆形

下面制作所需的笔刷，隐藏背景图层，用椭圆工具按住【Shift】键画一个黑色的圆形，填充为50%。

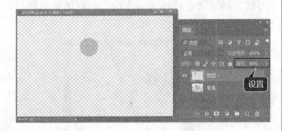

3 设置参数

然后添加一个黑色描边，选择【图层】▶【图层样式】▶【描边】菜单命令，在打开的【图层样式】对话框中设置参数如图所示。

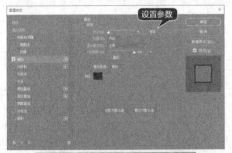

4 制作好笔刷

选择【编辑】▶【定义画笔预设】，输入名称【光斑】，单击【确定】按钮，这样就制作好笔刷了。

5 对画笔进行设置

选择画笔工具，按【F5】键调出画笔调板对画笔进行设置。

6 使用画笔

显示【背景图层】，新建图层2，把图层1隐藏，用刚刚设置好的画笔在图层2点几下（在点的时候，画笔大小按情况而变动），画笔颜色随自己的喜好，本例使用白色。

7 选择【高斯模糊】命令

光斑还是很生硬，为了使光斑梦幻，层次丰富，可以选择【滤镜】▶【模糊】▶【高斯模糊】菜单命令，设置【半径】为1。

8 新建两个图层

然后再新建两个图层，按照同样的方法在【图层3】中画出光斑（画笔比第一次要小一些，模糊半径0.3），【图层4】画笔再小一点，不需要模糊，效果如图所示。

10.4.2 制作浪漫雪景效果

本教程介绍非常实用的浪漫雪景效果的制作方法。精湛的摄影技术，在加上后期的修饰点缀，才算是一幅完整的作品，下面来学习如何打造朦胧雪景的浪漫冬季，制作前后效果如图所示。

素材\ch10\雪景效果.jpg

结果\ch10\浪漫雪景效果.jpg

1 打开素材

打开随书光盘中的"素材\ch10\雪景效果.jpg"，创建一个新图层。

2 设置画笔

选择画笔工具，按【F5】键调出画笔调板对画笔进行设置，如图所示。

3 使用画笔

用刚刚设置好的画笔在图层1点几下（在点的时候，画笔大小按情况而变动），画笔颜色使用白色。

4 添加光斑效果

到了上面一步其实已经算是完成了，但由于雪是反光的，还可以再加上镜头的光斑效果，光斑效果依照上例制作。

5 添加光晕效果

最后选择【滤镜】▶【渲染】▶【镜头光晕】菜单命令加上镜头的光晕效果，最终效果如图所示。

10.4.3 制作电影胶片效果

那些胶片质感的影像总是承载着太多难忘的回忆，它那细腻而优雅的画面，令一群数码时代的将士们为之疯狂，这一群体被贴上了"胶片控"的美名。但是还有一部分人苦于胶片制作的繁琐，于是运用后期来达到胶片成像的效果。下面来学习如何制作电影胶片味儿十足的文艺相片效果，制作前后效果如图所示。

素材\ch10\电影胶片效果.jpg

结果\ch10\电影胶片效果.jpg

1 打开素材

打开随书光盘中的"素材\ch13\电影胶片效果.jpg",复制背景图层。

2 选择【色相 / 饱和度】命令

选择【图像】▶【调整】▶【色相/饱和度】菜单命令。

3 设置参数

参照下图的【色相】【饱和度】和【明度】的参数进行调节。

4 设置参数

选择【图像】▶【调整】▶【色相/饱和度】菜单命令,选择蓝色,并用吸管工具点选天空蓝色的颜色,参照下图的【色相】【饱和度】和【明度】的参数进行调节。

5 添加照片滤镜

在图层面板上为图像添加【照片滤镜】效果,选择黄色的滤镜,效果如图所示。

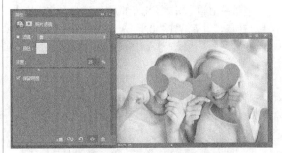

6 添加杂色效果

选择【滤镜】▶【杂色】▶【添加杂色】菜单命令,添加杂色效果。

7 添加划痕效果

如果有合适的划痕画笔可以添加适当的划痕效果，最终效果如图所示。

10.5 实例5——中老年照片处理

 本节视频教学时间：6分钟

本节主要介绍如何为中老年照片制作一些效果，例如制作证件照和修复老照片等。

10.5.1 制作老人证件照

本实例主要使用【移动工具】和【磁性套素工具】等工具将一张普通的照片调整为一张证件照片。制作前后效果如图所示。

素材\ch10\大头.jpg   结果\ch10\证件照片.jpg

1 单击【新建】命令

单击【文件】▶【新建】菜单命令。

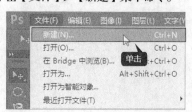

2 设置文件参数

在弹出的【新建】对话框中创建一个【宽度】为2.7厘米、【高度】为3.8厘米、【分辨率】为200像素/英寸、【颜色模式】为CMYK颜色的新文件。

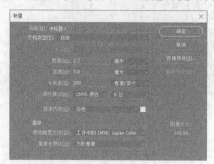

3 新建文件

单击【确定】按钮。

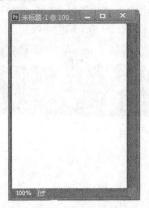

4 设置背景色

在工具箱中单击【设置背景色】方块，在【拾色器（背景色）】对话框中设置（C：100，M：0，Y：0，K：0），单击【确定】按钮，保存文件，该文件将作为证件照片的背景。

5 填充颜色

按【Ctrl+Delete】组合键填充颜色。

6 打开素材

打开随书光盘中的"素材\ch10\大头.jpg"素材图片。

7 解锁图层

在【图层】面板中的【背景】层上双击为图层解锁，变成【图层0】。

8 建立选区

选择【磁性套索工具】，在人物背景上建立选区。

9 反选选区

选择【选择】▶【反向】菜单命令，反选选区。

10 设置羽化半径

选择【选择】▶【修改】▶【羽化】菜单命令。在弹出的【羽化选区】对话框中设置【羽化半径】为1像素，单击【确定】按钮。

11 调整大小

使用【移动工具】将素材图片拖入前面步骤中制作的证件照片的背景图中，按【Ctrl+T】组合键执行【自由变换】命令，调整大小及位置。

小提示

1寸的标准是25毫米×36毫米（误差正负1毫米），外边的白框不算内，大小在2毫米左右。

10.5.2 将旧照片翻新

家里总有一些泛黄的旧照片，大家可以通过Photoshop CC来修复这些旧照片。本实例主要使用【污点画笔修复工具】、【色彩平衡】命令和【曲线】命令等处理老照片。处理前后效果如图所示。

素材\ch10\旧照片.jpg

结果\ch10\修复旧照片.jpg

1 打开素材

选择【文件】▶【打开】菜单命令，打开随书光盘中的"素材\ch13\旧照片.jpg"素材图片。

2 设置参数

选择【污点修复画笔工具】，并在参数设置栏中进行如下图所示的设置。

3 修复划痕

将鼠标指针移到需要修复的位置，然后在需要修复的位置单击鼠标即可修复划痕。

4 修复划痕

对于背景大面积的污渍，可以选择【修复画笔工具】，将鼠标指针移到需要修复的位置，按住【Alt】键，在需要修复的附近单击鼠标左键进行取样，然后在需要修复的位置单击鼠标即可修复划痕。

5 调整图像色彩

选择【图像】▶【调整】▶【色相/饱和度】菜单命令，调整图像色彩。

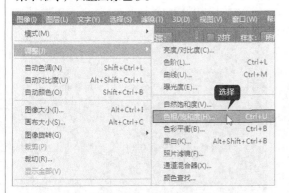

6 输入数值

在弹出的【色相/饱和度】对话框中的【色阶】选项中依次输入【色相】值为"+5"和【饱和度】值为"+30"。

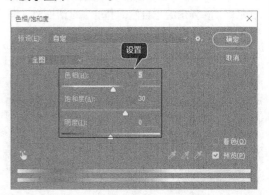

7 效果图

单击【确定】按钮，效果如图所示。

8 选择【亮度/对比度】命令

选择【图像】➤【调整】➤【亮度/对比度】菜单命令。

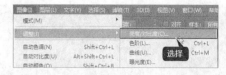

9 设置参数

在弹出的【亮度/对比度】对话框中，拖动滑块来调整图像的亮度和对比度（或者设置【亮度】为8，【对比度】为62）。

10 单击【确定】按钮

单击【确定】按钮。

小提示

处理旧照片主要是修复划痕和调整颜色，因为旧照片通常都泛黄，因此在使用【色彩平衡】命令时应该相应地降低黄色成分，以恢复照片本来的黑白效果。

11 调整自然饱和度

选择【图像】➤【调整】➤【自然饱和度】菜单命令，在弹出的【自然饱和度】对话框中，调整图像的【自然饱和度】为100。

12 单击【确定】按钮

单击【确定】按钮。

13 调整色阶参数

选择【图像】▶【调整】▶【色阶】菜单命令，在弹出的【色阶】对话框中，调整色阶参数如图所示。

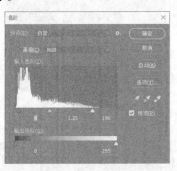

14 最终效果

单击【确定】按钮，最终效果如图所示。

10.6 实例6——儿童照片处理

本节视频教学时间：8分钟

本节主要介绍如何为儿童照片制作一些效果，例如调整照片的角度和合成照片等。

10.6.1 调整儿童照片角度

本实例主要是利用【标尺工具】将儿童照片调整为趣味的倾斜照片效果。制作前后效果如图所示。

素材\ch13\倾斜照片.jpg

结果\ch13\处理倾斜照片.jpg

1 单击【打开】命令

单击【文件】▶【打开】菜单命令。

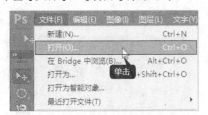

2 打开素材

打开随书光盘中的"素材\ch13\倾斜照片.jpg"素材图片。

3 选择【标尺工具】

选择【标尺工具】▦。

4 绘制度量线

在画面的底部拖曳出一条倾斜的度量线。

5 打开信息面板

选择【窗口】➤【信息】菜单命令，打开信息面板。

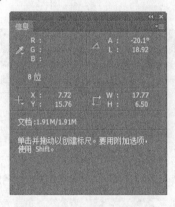

6 打开【旋转画布】对话框

选择【图像】➤【图像旋转】➤【任意角度】菜单命令，打开【旋转画布】对话框。

7 设置【角度】

设置【角度】为"20.1"，然后单击【确定】按钮。

8 修剪图像

选择【裁剪工具】▥，修剪图像。

9 最终效果

修剪完毕后按【Enter】键确定，最终效果如图所示。

10.6.2 制作大头贴效果

本实例主要使用了【画笔工具】、【渐变填充工具】和【反选】命令等来制作大头贴的效果。制作前后效果如图所示。

素材\ch10\大头贴.jpg　　　　　结果\ch10\制作大头贴.jpg

第1步：新建文件并使用渐变工具

1 单击【新建】命令

单击【文件】▶【新建】菜单命令。

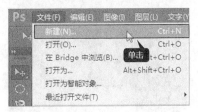

2 设置文件参数

在弹出的【新建】对话框中创建一个【宽度】为12厘米、【高度】为12厘米、【分辨率】为72像素/英寸、【颜色模式】为RGB模式的新文件。

3 单击【确定】按钮

单击【确定】按钮。

4 单击【渐变工具】

单击工具箱中的【渐变工具】，单击工具属性栏中的【点按可编辑渐变】按钮。

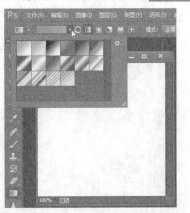

第2步：设置渐变颜色

1 设置渐变色

在弹出【渐变编辑器】对话框中的【预设】设置区中选择【橙色、蓝色、洋红、黄色】的渐变色，单击【确定】按钮。

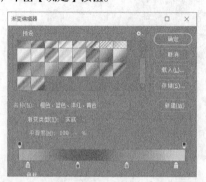

2 填充渐变

选择【角度渐变】，然后在画面中使用鼠标由画面中心向外拖曳，填充渐变。

第3步：使用自定图形

1 选择图案

设置前景色为白色，选择【自定形状工具】，在属性栏中选择【像素】和【点按可打开"自定形状"拾色器】按钮，在下拉框中选择"花6"图案。

2 新建图层

新建一个图层，在画布中用鼠标拖曳出花形形状。

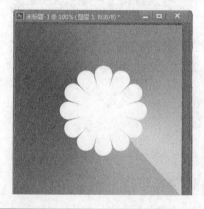

3 调整位置和大小

按【Ctrl+T】组合键来调整花形的位置和大小。

4 打开素材

打开随书光盘中的"素材\ch13\花边.psd"素材图片。选择【移动工具】将花边图像拖曳到文档中。

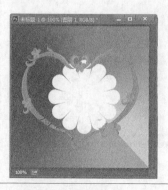

第4步：绘制细节并导入图片

1 调整图层顺序

按【Ctrl+T】组合键调整"花边"的位置和大小，并调整图层顺序。

2 进行设置

设置前景色为粉色（C：0，M：11，Y：0，K：0），选择【画笔工笔】并在属性栏中进行如下图所示设置。

3 绘制各种图案

新建一个图层，拖动鼠标在图层上进行如下图所示的绘制，在绘制时可不断更换画笔以使画面更加丰富。

4 打开素材

打开随书光盘中的"素材\ch13\大头贴.jpg"素材图片。选择【移动工具】将大头贴图片拖曳到文档中。

第5步：合成大头贴

1 调整图层顺序

按【Ctrl+T】组合键来调整"大头贴"的位置和大小，并调整图层的顺序。

2 载入选区

在【图层】面板中按【Ctrl】的键同时单击心形图层前的【图层缩览图】，将心形载入选区。

3 反选选区

按【Ctrl+Shift+I】组合键反选选区，然后选择大头贴图像所在的图层，按【Delete】键删除。

4 取消选区

按【Ctrl+D】组合键取消选区，最终效果如图所示。

小提示

制作大头贴的时候，读者可根据自己的审美和喜好设计模板，也可以直接从网上下载自己喜欢的模板，然后直接把照片套进去即可。

高手私房菜

在拍摄人物照片的过程中经常会遇到曝光过渡、图像变暗等问题，这是由于天气或拍摄方法不当所引起的，那么在拍摄人物照片时应该注意哪些问题呢？

技巧1：照相空间的设置

不要留太多的头部空间。如果人物头部上方留太多空间会给人拥挤的、不舒展的感觉，一般情况下，被摄体的眼睛在景框上方1／3的地方。也就是说，人的头部一定要放在景框的上1／3的部分，这样就可以避免"头部空间太大"的问题。这个问题非常简单，但往往被人忽略。

技巧2：如何在户外拍摄人物

在户外拍摄人物时，一般不要到阳光直射的地方，特别是在光线很强的夏天。但是，如果由于条件所限必须在这样的情况下拍摄时，则需要让被摄体背对阳光，这就是人们常说的"肩膀上的太阳"规则。这样被摄体的肩膀和头发上就会留下不错的边缘光效果（轮廓光）。然后再用闪光灯略微（较低亮度）给被摄体的面部足够的光线，就可以得到一张与周围自然光融为一体的完美照片了。

技巧3：如何在室内拍摄

人们看照片时，首先是被照片中最明亮的景物所吸引，所以要把最亮的光投射到你希望的位置。室内人物摄影，毫无疑问被摄体的脸是最引人注目的，那么最明亮的光线应该在脸上，然后逐渐沿着身体往下而变暗，这样就可增加趣味性、生动性和立体感。

第11章

Photoshop CC 在艺术设计中的应用

 本章视频教学时间：48 分钟

本章就来学习使用 Photoshop CC 解决我们身边所遇到的问题。如对房地产广告设计、海报设计和包装设计等。

【学习目标】

通过本章了解使用 Photoshop CC 进行艺术设计的方法。

【本章涉及知识点】

广告设计

海报设计

包装设计

11.1 实例1——广告设计

 本节视频教学时间：12分钟

本章主要学习如何综合运用各种工具来设计一张房地产广告，下面来介绍广告设计处理的方法和思路，以及通常使用的工具等。

11.1.1 案例概述

本实例主要使用【画笔工具】、【图层蒙版】、【移动】和【填充】等工具来设计一张整体要求大气高雅的房地产广告。制作效果前后如图所示。

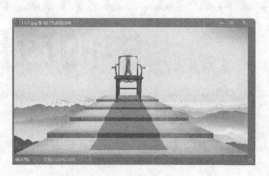

素材\ch11\11-1.jpg

结果\ch11\房地产广告.psd

11.1.2 设计思路

一群自己人，不是拿铁族，不是BOBO，不是优皮，也不是纯小资……他们只是在生活方式及价值取向方面有着某些相似之外的年轻且有专业水准的城市精英阶层。他们属于白天出入高档写字楼及商务场所、夜晚则在公务社交和私人约会中游刃有余的一族，他们的专业，不只是职业上的，同时也是生活享乐上的，他们将时尚、品牌消费、灯红酒绿一并兼收，但更注重细节上的品位，这也是他们与张扬的暴发户和规矩的中产阶级以及矫揉造作的小资们最大的区别。相对于白天工作中的行色匆匆，他们在夜晚属于自己的时间里显得更为可爱；他们或许单身却不缺身边的红颜知己或蓝颜知己，所以他们有N个理由和自由去流连城市的夜店。在城市的夜晚，也许你会在"苏荷"或者"低调"酒吧找到他们，他们喜欢的音乐是蓝调、ROCK、JAZZ，但也许有一天他会突然向你推荐一曲浪漫无比的英格兰风笛。他们不全懂艺术，但尽可能让自己带有艺术气质和品位，这是他们让自己脱离职业形象以求解压的方式。

他们年龄相近，在25—35岁之间浮动，他们的成长经历和受教育方式相似，他们有同一个年代的怀旧情结和义气，同样率性而为，随时选择停留或离开，他们信相不朽的爱情，也能看到上面有很厚的灰尘，他们有思想也懂点哲学。他们热爱大自然，却是不折不扣的绝对城市主义，他们有诗情画意却不是诗人，他们离不开这流光溢彩的城市。

歆碧御水山庄（概念+情节演绎，像一本言情小说）

（1）属性定位：国境，歆碧御水山庄

（2）广告语：生活因云山而愉悦，居家因园境而尊贵

（3）国境文案

（4）小户型楼书，亦是"生存态"读本

11.1.3　涉及知识点与命令

　　房地产开发商要加强广告意识，不仅要使广告发布的内容和行为符合有关法律、法规的要求，而且要合理控制广告费用投入，使广告能起到有效的促销作用。这就要求开发商和代理商重视和加强房地产广告策划。但实际上，不少开发商在营销策划时，只考虑具体的广告的实施计划，如广告的媒体、投入力度、频度等，而没有深入、系统地进行广告策划。因而有些房地产广告的效果不如人意，难以取得营销佳绩。随着房地产市场竞争日趋激烈，代理公司和广告公司的深层次介入，广告策划已成为房地产市场营销的客观要求。

　　房地产广告从内容上分有以下三种。

　　其一是商誉广告。它强调树立开发商或代理商的形象。

　　其二是项目广告。它树立开发地区、开发项目的信誉。

　　其三是产品广告。它是为某个房地产项目的推销而做的广告。

11.1.4　广告设计步骤

　　通过本实例的学习，将使读者学习如何运用Photoshop CC软件，来完成此类平面广告设计的绘制方法。下面将向读者详细介绍此平面广告效果的绘制过程。

第1步：新建文件并填充背景色

1　单击【新建】命令

　　单击【文件】▶【新建】菜单命令。

2　设置文件参数

　　在弹出的【新建】对话框中设置名称为"房地产广告"。设置宽度为28.9厘米，高度为42.4厘米，分辨率为300像素/英寸，颜色模式为CMYK模式。

3　新建文件

　　单击【确定】按钮。

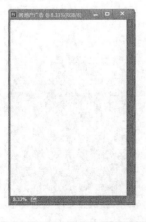

4　设置背景色

　　在工具箱中单击【设置背景色】，在【拾色器（背景色）】对话框中设置颜色（C：50，M：100，Y：100，K：0）。

| 5 | 填充背景色 | 6 | 新建矩形并填充 |

5 填充背景色

单击【确定】按钮，并按【Ctrl+Delete】组合键填充。

6 新建矩形并填充

新建一个图层，单击工具箱中的【矩形选框工具】，创建一个矩形选区并填充土黄色（C：25，M：15，Y：45，K：0）。

第2步：使用素材文件

1 打开素材

打开随书光盘中的"素材\ch11\11-1.jpg"素材图片。

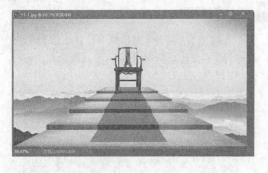

2 拖入天空素材

使用【移动工具】将天空素材图片拖入背景中，按【Ctrl+T】组合键执行【自由变换】命令调整到合适的位置。

第3步：调整色调

1 创建矩形并填充

新建一个图层，单击工具箱中的【矩形选框工具】，创建一个矩形选区并填充黄色（C：5，M：20，Y：60，K：0）。

2 进行加深处理

单击工具栏中的【加深工具】对红色底纹部分图像进行加深处理，效果如图所示。

第4步：使用素材文件

1 新建图层并填充

单击工具栏中的【自定义形状工具】，选择【邮票1】图案，新建一个图层绘制图形，并填充深蓝色（C：100，M：90，Y：20，K：0），效果如图所示。

2 打开素材

打开随书光盘中的"素材\ch11\鸽子.psd"素材图片。

3 拖入素材

使用【移动工具】将鸽子素材图片拖入背景中，按【Ctrl+T】组合键执行【自由变换】命令调整到合适的位置。

4 设置不透明度

将该鸽子图层的图层不透明度值设置为90%，使图像和背景有一定的融合。

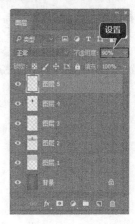

5 打开素材

打开随书光盘中的"素材\ch11\文字01.psd和文字02.psd"素材图片。

6 拖入素材

使用移动工具将文字01.psd和文字02.psd素材图片拖入背景中，按下【Ctrl+T】组合键执行【自由变换】命令调整到合适的位置。

第5步：添加广告标志、公司地址和宣传图片

1 调整位置

打开随书光盘中的"素材\ch11\标志2.psd"素材图片，使用【移动工具】✛将标志2.psd素材图片拖入背景中，然后按下【Ctrl+T】组合键执行【自由变换】命令调整到合适的位置。

2 打开素材

打开随书光盘中的"素材\ch11\宣传图.psd、交通图.psd和公司地址.psd"素材图片。

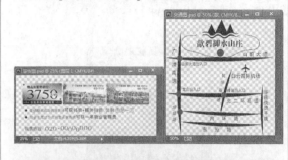

3 最终结果

使用【移动工具】✛将宣传图.psd、交通图.psd和公司地址.psd素材图片拖入背景中，然后按下【Ctrl+T】组合键执行【自由变换】命令调整到合适的位置，至此一幅完整的房地产广告就做好了。

11.2 实例2——海报设计

本节视频教学时间：14分钟

本章主要学习如何综合运用各种工具来设计一张海报，下面来介绍海报设计处理的方法和思路，以及通常使用的工具等。

11.2.1 案例概述

本实例主要使用【椭圆工具】、【画笔工具】、【钢笔工具】和【渐变填充工具】来制作一张具有时尚感的饮料海报。效果如下图所示。

素材\ch11\橙子图片.psd   结果\ch11\饮料海报.psd

11.2.2 设计思路

饮料是属于大众的消费品，以儿童喜爱居多，所以饮料海报的设计定位为大众消费群体，也适合不同层次的消费群体。

饮料海报在设计风格上，运用诱人的饮料照片和鲜艳的颜色及醒目的商标相结合手法，既突出了主题，又表现出其品牌固有的文化理念。

在色彩运用上，以橙色效果为主，突出该产品的"天然"的特点。图片上运用蓝色背景，和饮料的橙色更好地呼应了时尚感。

11.2.3 涉及知识点与命令

在本节所讲述的饮料海报的设计过程中，首先应清楚该海报所表达的的意图，认真的构思定位，然后再仔细绘制出效果图。

1. 设计表达

在整个设计中，充分考虑到文字、色彩与图形的完美结合，相信在同类产品海报中，浓烈的体现季节性色彩效果是非常有吸引力的一种。

2. 材料工艺

此包装材料采用175g铜版纸不干胶印刷，方便粘贴。

3. 设计重点

在进行此招贴的设计过程中，运用到Photoshop软件中的图层及文字等命令。

11.2.4 海报设计步骤

下面将向读者详细介绍此海报设计效果的绘制过程。

第1步：新建文件并使用渐变工具

1 单击【新建】命令

单击【文件】▶【新建】菜单命令。

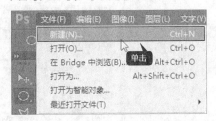

2 设置文件参数

在弹出的【新建】对话框中创建一个宽度为210毫米、高度为297毫米、分辨率为100像素/英寸、颜色模式为CMYK模式的新文件。

3 新建文件	4 单击【渐变工具】
单击【确定】按钮。 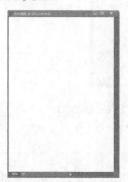	单击工具箱中的【渐变工具】，单击工具选项栏中的【点按可编辑渐变】按钮。 

第2步：设置渐变颜色

1 设置渐变颜色	2 填充渐变
在弹出【渐变编辑器】对话框中单击颜色条右端下方的【色标】按钮，添加从浅蓝色（C：13，M：6，Y：11，K：0）到蓝色（C：41，M：15，Y：18，K：0）的渐变颜色。 	单击【确定】按钮，在画面中使用鼠标由上至下地拖曳来进行从蓝色到浅蓝色的径向渐变填充。 

第3步：使用素材

1 打开素材	2 拖入素材
打开随书光盘中的"素材\ch11\橙子图片.psd"素材图片。 	使用【移动工具】将橙子素材图片拖入背景中，按【Ctrl+T】组合键执行【自由变换】命令调整到合适的位置，并调整图层顺序。 

3 绘制椭圆选框

选择【椭圆选框工具】绘制一个椭圆形，然后反选删除橙子素材图片内图像，如图所示。

4 绘制矩形选框

选择【矩形选框工具】绘制一个矩形，然后删除橙子素材图片内图像，如图所示。

5 打开素材

打开随书光盘中的"素材\ch11\11-2.psd"素材图片。

6 拖入素材并调整

使用【磁性套索工具】选择海岛图像，然后使用【移动工具】 将海岛素材图片拖入背景中，按【Ctrl+T】组合键执行【自由变换】命令调整到合适的位置，并调整图层顺序。

7 填充颜色

新建一个图层，放在海岛图层的下方，选择【椭圆选框工具】绘制一个椭圆形，然后填充橙色（C：0，M：37，Y：54，K：0），并使用【加深工具】和【减淡工具】调整颜色效果如图所示。

8 打开素材

打开随书光盘中的"素材\ch11\饮料盒.psd"素材图片。

9 拖入素材并调整

使用【移动工具】将素材图片拖入背景中，按下【Ctrl+T】组合键执行【自由变换】命令调整到合适的位置，并调整图层顺序。

10 打开素材

打开随书光盘中的"素材\ch11\商标.psd"素材图片。

11 拖入素材并调整

使用【移动工具】将商标素材图片拖入背景中，按下【Ctrl+T】组合键执行【自由变换】命令调整到合适的位置，并调整图层顺序。

12 复制图层并调整位置

复制橙子饮料图层，按下【Ctrl+T】组合键执行【自由变换】命令调整到合适的位置，并调整图层顺序来制作倒影效果。

第4步：绘制细节

1 打开素材

打开随书光盘中的"素材\ch11\11-3.psd"素材图片。

2 拖入素材

使用【磁性套索工具】选择白云图像，然后使用【移动工具】将白云素材图片拖入背景中，按下【Ctrl+T】组合键执行【自由变换】命令调整到合适的位置，并调整图层顺序。

3 调整整体效果

使用【图像–调整–曲线】命令调整整个橙子瓶和海岛图像的亮度，最终效果如图所示。

小提示

在产品海报的设计上，读者应根据不同的产品来定位整个海报的主题颜色、字体类型及版式排列，如女性化妆品的整体色彩应该是时尚、雅致、字体柔和，而食品的海报则是鲜艳、干净的，并且字体醒目。

11.3 实例3——包装设计

本节视频教学时间：21分钟

本章主要学习如何综合运用各种工具来设计一份包装，下面来介绍包装设计处理的方法和思路，以及通常使用的工具等。

11.3.1 案例概述

本实例主要使用了各类命令来制作一个整体要求色彩清新亮丽、图片清晰的食品包装图片。

素材\ch11\果汁.psd　　　　素材\ch11\标志.psd　　　　结果\ch11\正面展开图.psd　　　　结果\ch11\立体效果.psd

11.3.2 设计思路

包装设计在风格上，运用诱人的真实糖果照片和鲜艳的水果及醒目的字体相结合手法，既突出了主题，又表现出其品牌固有的文化理念。

在色彩运用上，以水果的橙色效果为主，突出该产品的"味道"的特点。字体上运用蓝色和红色，在橙色背景下更好分呼应了产品的美感和口感。

11.3.3 涉及知识点与命令

在本节所讲述的包装设计的过程中，首先应认真的构思定位，然后再仔细绘制出效果图，主要使用到以下工具。

【多边形套索工具】

【画笔工具】

【渐变填充工具】

11.3.4 包装设计步骤

下面将向读者详细介绍此包装设计效果的绘制过程。

第1步：新建文件

1 新建文件

选择【文件】➤【新建】命令来新建一个名称为"正面展开图"，大小为140毫米×220毫米、颜色模式为CMYK的文件，如图所示。

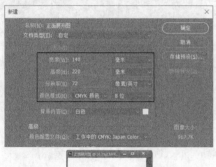

2 新建参考线

在新建文件中，创建4条离边缘距离为1厘米的辅助线，选择【视图】➤【新建参考线】命令。分别在水平1厘米和21厘米与垂直1厘米和13厘米位置新建参考线，如图所示。

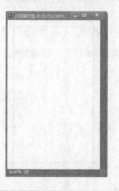

3 新建图层

在图层面板上单击【创建新图层】按钮 🖾 来新建一个图层：图层1。

4 填充渐变

为该图层上填充一个从淡绿色到白色的渐变色，渐变设置为0%与100%位置上为C：69、M：0、Y：99、K：0，100%为白色的颜色渐变，应用填充后如图所示。

第2步：使用素材并输入文字

1 打开素材并调整

　　打开光盘"素材\ch11\水果.psd"文件，将其复制至包装效果文件中，文件将自动生成图层2。按【Ctrl+T】组合键执行【自由变换】命令来调整图案到适当的大小后如图所示。

2 输入字母

　　选择【横排文字工具】 ，分别在不同的图层中输入英文字母"FRUCDY"，再进行字符设置，将字体颜色设置为白色，效果如图所示。

小提示

　　如果没有 Thickhead 字体，可以下载该字体安装字体库中。

3 设置字母大小

　　选择【挑选工具】 来调整各个字母的位置，选取字母"F"然后在字符面板中设置其大小为196.7，用相同的方法来设置其他字母的大小，效果如图所示。

4 合并图层

　　按住【Ctrl】键，在图层面板上选择所有的字母图层，再按【Ctrl+E】快捷键来执行【合并图层】命令来合并所有字母图层，效果如图所示。

5 填充渐变

　　按住【Ctrl】键，在图层面板上，单击字母图层上的【图层缩览图】来选取字母，为其填充一个从红色到黄色的渐变色，渐变设置为0%与100%位置上为C：0、M：100、Y：100、K：0，100%为C：0、M：0、Y：100、K：0的颜色渐变，应用填充后效果如图所示。

6 设置扩展量

　　扩大字母选框制作字母底纹，选取字母后，选择【选择】▶【修改】▶【扩展】命令打开【扩展选取】对话框，设置扩展量为20，单击【确定】按钮，效果如图所示。

7 添加选区

选择【矩形选框工具】，并在属性栏中选择【添加到选区】按钮来将没有选中的区域加选进去，效果如图所示。

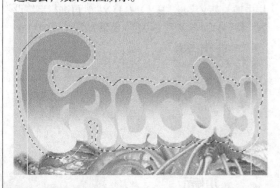

8 新建图层并填充

然后在图层面板上新建一个图层，并填充为蓝色，效果如图所示。

9 设置描边颜色

选择蓝色底纹图层，为其描上白色的边，选择【编辑】▶【描边】命令，打开【描边】对话框，设置颜色为白色，其他的参数设置如图所示。

10 添加描边

用同样的方式为字母也描上白色的边框，宽度设置为3，如图所示。

第3步：调入商标素材

1 输入字母

将底纹和字母图层进行合并，然后选择【文字工具】输入英文字母"Fruitcandr"，如图所示进行【字符】设置，字体颜色设置为白色。

2 调整图层

在图层面板将两个字母图层同时选中来调整方向，使主体更加具有冲击力，效果如图所示。

3 打开素材

打开本书配套光盘中的"光盘\素材\ch11\标志.Psd"文件。

4 拖入素材

将其拖动到包装文件中，调整到适当的大小和位置，如图所示。

5 打开素材并调整颜色

打开本书配套光盘中的"光盘\素材\ch11\果汁.Psd"文件，将其复制到效果文件中，调整到适当的大小和位置，然后调整果汁的颜色，来呼应主题。

6 调整颜色

选择【图像】▶【调整】▶【色相/饱和度】命令来调整颜色，参数设置如图所示。

7 输入文字

选择【横排文字工具】，分别输入"超级牛奶糖"等字体，中文字字体为"幼圆"，大小设置为20，英文字大小为9，颜色均为红色，其他设置如图所示。

8 输入其他文字

继续使用文字工具来输入其他的文字内容，设置"NET"等文字，字体为黑体，大小为10、颜色为黄色的，"THE TRAD"等字体颜色为红色，大小为12。

9 添加描边

在图层样式中添加描边效果，具体参数设置如图所示。

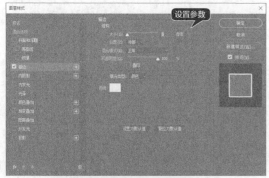

10 调整不透明度

打开"光盘\素材\ch11\奶糖.Psd"文件，将其复制到效果文件中，调整到适当的大小和位置，然后调整奶糖的不透明度，使主次分明，在图层面板中设置其不透明度74%，效果图所示。

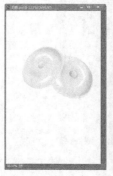

小提示

在本实例中大量使用了自定义形状中图形，自定义形状图形是非常方便快捷的一个工具，里面有大量的图形可供选择，还可以编辑，在设计中读者可以灵活地结合一些图案来为设计添彩增色。

第4步：制作立体效果

1 合并图层

按【Ctrl+S】组合键，将绘制好的正面包装效果文件保存，打开前面绘制的正面平面展开图，选择【图像】▶【复制】命令对图像进行复制，按【Shift+Ctrl+E】组合键，合并复制图像中的可见图层。

2 新建文件

选择【文件】▶【新建】命令，新建一个大小为270毫米~220毫米、分辨率为300像素\英寸、模式为CMYK的文件，如图所示。

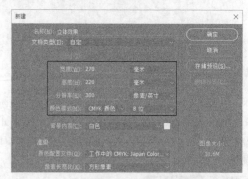

3 复制图像

　　将包装的正面效果图像复制到新建文件中，调整到适当的大小，如图所示。

4 制作包装袋上的撕口

　　制作出包装袋上的撕口，选择矩形选框工具，在包装袋的左上侧选择撕口部分，再按【Delete】键删除选区部分，同理绘制右侧撕口如所示。

5 新建图层

　　在图层面板上单击【创建新图层】按钮，新建一个图层，使用【钢笔工具】绘制一个工作路径并转化为选区，将其填充为黑色，如图所示。

6 设置不透明度

　　在图层面板中设置该图层的不透明度为20%。使用橡皮擦工具，在图像左下方进行涂抹，如图所示。

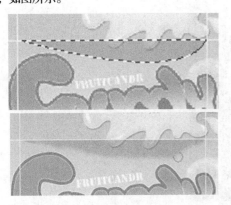

7 设置明暗效果

　　使用同样的操作方法绘制包装袋其他位置上的明暗效果，如图所示。

第5步：制作投影效果

1 填充背景图层	**2 新建图层**
选择背景图层，为其填充【渐变编辑器】对话框中预设中的【透明彩虹渐变】，并使用【角度渐变】方式进行填充，如图所示。 	新建一个图层，将绘制好的包装复制一个，使用黑色进行填充，对其应用半径值为3的羽化效果，将图层不透明度设置为50%，并调整图层位置，如图所示。 

完成所有操作后，对图像进行保存。

高手私房菜

技巧1：了解海报设计所遵循的原则

对于每一个平面设计师来说，海报设计都是一个挑战。作为在二维平面空间中的海报，它的用途数不胜数，其表现题材从广告到公共服务公告等无所不包。设计师的挑战是要使设计出来的海报能够吸引人，而且能传播特定信息，从而最终激发观看的人。

因此，在创作广告、海报和包装设计时，就需要遵循一些创作的基本原则，这些原则能对你在设计海报时有所帮助。

（1）图片的选择。图片的作用是简化信息，因此应避免过于复杂的构图。图片通常说明所要表现的产品是什么、由谁提供或谁要用它。

（2）排版的能力。由于海报上的文字总是非常浓缩，所以海报文字的排版非常重要。

（3）字体的设计。设计师选择的字体样式、文字版面及文字与图片之间的比例将决定我们所要传达的信息是否能够让人易读易记。

技巧2： 广告设计术语

广告设计术语是我们在日常的工作中经常遇到的一些名词。掌握这些术语有助于同行之间的交流与沟通，规范行业的流程。

1. 设计

设计（design）指美术指导和平面设计师如何选择和配置一条广告的美术元素。设计师选择特定的美术元素并以其独特的方式对它们加以组合，以此定下设计的风格——即某个想法或形象的表现方式。在美术指导的指导下，几位美工制作出广告概念的初步构图，然后再与文案配合，拿出自己的平面设计专长（包括摄影、排版和绘图），创作出最有效的广告或手册。

2. 布局图

布局图（layout）指一条广告所有组成部分的整体安排：图像、标题、副标题、正文、口号、印签、标志和签名等。

布局图有以下几个作用：首先，布局图有助于广告公司和客户预先制作并测评广告的最终形象和感觉，为客户（他们通常都不是艺术家）提供修正、更改、评判和认可的有形依据。其次，布局图有助于创意小组设计广告的心理成分——即非文字和符号元素；精明的广告主不仅希望广告给自己带来客源，还希望（如果可能的话）广告为自己的产品树立某种个性——形象，在消费者心目中建立品牌（或企业）资产；要做到这一点，广告的"模样"必须明确表现出某种形象或氛围，反映或加强产品的优点；因此在设计广告布局初稿时，创意小组必须对产品或企业的预期形象有很强的意识。第三，挑选出最佳设计之后，布局图便发挥蓝图的作用，显示各个广告元素所占的比例和位置；一旦制作部了解了某条广告的大小、图片数量、排字量以及颜色和插图等这些美术元素的运用，他们便可以判断出制作该广告的成本。

3. 小样

小样（thumbnail）是美工用来具体表现布局方式的大致效果图。小样通常很小（大约为3英寸×4英寸），省略了细节，比较粗糙，是最基本的东西。直线或水波纹表示正文的位置，方框表示图形的位置。然后再对中选的小样做进一步的发展。

4. 大样

在大样中，美工画出实际大小的广告，提出候选标题和副标题的最终字样，安排插图和照片，用横线表示正文。广告公司可以向客户，尤其是在乎成本的客户提交大样，以征得他们的认可。

5. 末稿

到了末稿（comprehensive layout/comp）这一步，制作已经非常精细，几乎和成品一样。末稿一般都很详尽，有彩色照片、确定好的字体风格、大小和配合用的小图像，再加上一张光喷纸封套。现在，末稿的文案排版以及图像元素的搭配等都是由电脑来执行，打印出来的广告如同4色清样一般。到了这一阶段，所有的图像元素都应当最后落实。

6. 样本

样本应体现手册、多页材料或售点陈列被拿在手上的样子和感觉。美工借助彩色记号笔和电脑清样，用手把样本放在硬纸上，然后按照尺寸进行剪裁和折叠。例如，手册的样本是逐页装订起来的，看起来同真的成品一模一样。

7. 版面组合

交给印刷厂复制的末稿，必须把字样和图形都放在准确的位置上。现在，大部分设计人员都采用电脑来完成这一部分工作，完全不需要拼版这道工序。但有些广告主仍保留着传统的版面组合方式，在一张空白版（又叫拼版pasteup）上按照各自应处的位置标出黑色字体和美术元素，再用一张透明纸覆盖在上面，标出颜色的色调和位置。由于印刷厂在着手复制之前要用一部大型制版照相机对拼版进行照相，设定广告的基本色调、复制件和胶片，因此印刷厂常把拼版称为照相制版。

设计过程中的任何环节——直至油墨落到纸上之前——都有可能对广告的美术元素进行更改。当然这样一来，费用也会随着环节的进展而成倍地增长，越往后更改的代价就越高，甚至可能高达10倍。

8. 认可

文案人员和美术指导的作品始终面临着"认可"这个问题。广告公司越大，客户越大，这道手续就越复杂。一个新的广告概念首先要经过广告公司创意总监的认可，然后交由客户部审核，再交由客户方的产品经理和营销人员审核，他们往往会改动一两个字，有时甚至推翻整个的表现方式。双方的法律部可再对文案和美术元素进行严格的审查，以免发生问题，最后，企业的高层主管对选定的概念和正文进行审核。

在"认可"中面对的最大困难是：如何避免让决策人打破广告原有的风格。创意小组花费了大量的心血才找到有亲和力的广告风格，但一群不是文案、不是美工的人却有权全盘改动它。保持艺术上的纯洁相当困难，需要耐心、灵活、成熟以及明确有力地表达重要观点，解释美工的选择的理由的能力。

第12章

Photoshop CC 在淘宝美工中的应用

本章视频教学时间：42 分钟

使用 Photoshop CC 不仅可以处理图片，还可以进行淘宝美工设计，本章主要介绍淘宝美工设计的具体案例。

【学习目标】

通过本章了解 Photoshop CC 在淘宝美工中应用的方法。

【本章涉及知识点】

- 皮具修图
- 首饰修图
- 宝贝详情图
- 商品广告图

12.1 实例1——淘宝美工之皮具修图

本节视频教学时间：10分钟

本实例主要学习如何综合运用各种工具来对淘宝中的皮具图片进行修图处理，以达到表现皮具美观的效果，效果如图所示。

素材\ch12\12-1.jpg   结果\ch12\皮具修图.psd

下面将向读者详细介绍淘宝美工之皮具修图的绘制过程。

第1步：打开素材文件

1 单击【打开】命令

单击【文件】▶【打开】菜单命令。

2 打开素材

打开"素材\ch12\12-1.jpg"文件。

第2步：对图像进行明暗和阴影处理

1 创建背景副本

在【图层】面板中，单击选中【背景】图层并将其拖至面板下方的【创建新图层】按钮上，创建【背景副本】图层。

2 抠出皮包

选择【钢笔工具】对皮包进行抠图处理，对皮包进行抠图然后拷贝出一个单独的图层。

3 抠出包盖

在抠好的图层后，开始分析光线，发现包盖是修图的重点，于是抠出包盖如图所示。

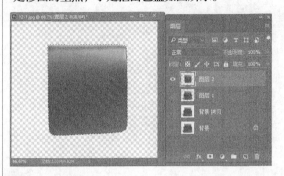

4 创建暗部效果

选择【加深工具】，对包盖的暗部进行涂抹创建出暗部效果，前后对比效果如图所示。

5 创建亮部效果

选择【减淡工具】，对包盖的亮部进行涂抹创建出亮部效果，前后对比效果如图所示。

6 创建投影效果

在图层面板上选择皮包图层，选择【加深工具】，对包盖在皮包的阴影部分进行涂抹创建出投影效果，前后对比效果如图所示。

7 增加明暗对比度

对除包盖之外的皮包图层添加一个【曲线】调整，增加明暗对比度，以增加立体感。

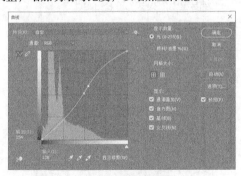

8 处理五金部分

把皮包上的五金用锐化工具进行处理，提亮。

9 整体调整色调

最后可以根据需要整体调整亮度和对比度，或者整体的色调，修图前后效果如图所示。

12.2 实例2——淘宝美工之首饰修图

 本节视频教学时间：3分钟

本实例主要学习如何综合运用各种工具来对淘宝中的珠宝首饰图片进行修图处理，以达到表现珠宝首饰灿烂夺目的效果，效果如图所示。

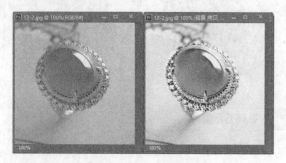

素材\ch12\12-2.jpg　　　　　　　结果\ch12\首饰修图.psd

下面将向读者详细介绍淘宝美工之首饰修图的绘制过程。

第1步：打开素材文件

1 单击【打开】命令

单击【文件】➤【打开】菜单命令。

2 打开素材

打开"素材\ch12\12-2.jpg"文件。

第2步：对图像进行调色

1 创建背景副本

在【图层】面板中，单击选中【背景】图层并将其拖至面板下方的【创建新图层】按钮上，创建【背景副本】图层。

2 进行明暗处理

选择【图像–调整–亮度/对比度】对首饰进行明暗处理，如图所示。

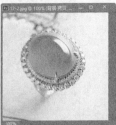

3 进行锐化处理

使用【锐化工具】对珠宝的进行锐化处理，提亮，效果如图所示。

4 复制图层

再次复制【背景 拷贝】图层，如图所示。

5 进行抠图

选择【钢笔工具】对绿色宝石进行抠图处理。

6 进行调色

选择【图像–调整–色相/饱和度】命令对绿色宝石进行调色处理，调出黄色珠宝首饰效果。

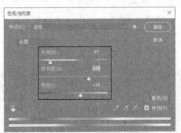

7 再次复制图层并调色

同理可以再次复制图层进行调色，如图所示调出蓝色珠宝首饰效果。

12.3 实例3——淘宝美工之宝贝详情图

本节视频教学时间：11分钟

本实例主要学习如何综合运用各种工具来制作淘宝中的宝贝详情图，效果如图所示。

素材\ch12\12-3.jpg

结果\ch12\宝贝详情.psd

下面将向读者详细介绍淘宝美工之宝贝详情图的绘制过程。

第1步：新建文件

1 单击【新建】命令

单击【文件】➤【新建】菜单命令。

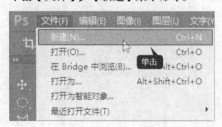

2 新建文件

在弹出的【新建】对话框中设置名称为"淘宝详情"。设置宽度为600像素，高度为800像素，分辨率为72像素/英寸，颜色模式为Lab模式。

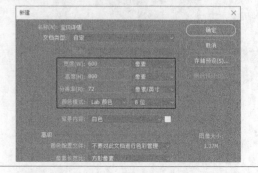

3 单击【打开】命令

单击【确定】按钮,单击【文件】➤【打开】菜单命令。

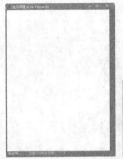

4 打开文件

打开"素材\ch12\12-3.jpg"文件。

第2步:绘制图形

1 移动文件

使用【移动工具】将素材图像拖到新建文件中,并使用【自由变换工具】调整图像的大小和位置如图所示。

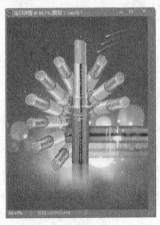

2 绘制矩形

新建一个图层,选择【矩形工具】绘制一个白色矩形。

3 输入文字

选择【横排文字工具】在白色矩形上方输入文字,并调整文字属性,如图所示。

4 输入文字

继续使用【横排文字工具】在白色矩形上方输入文字,并调整文字属性,如图所示。

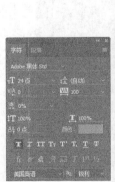
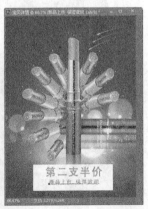

5 输入文字

继续使用【横排文字工具】在白色矩形上方输入文字，并调整文字属性，如图所示。

6 绘制分割线

新建一个图层，使用【铅笔工具】在白色矩形上方绘制一条玫红色的分割线，铅笔大小为2像素，如图所示。

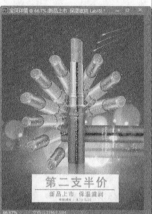

7 绘制矩形框

新建一个图层，使用【铅笔工具】在白色矩形上方绘制一条白色的矩形框，铅笔大小为2像素，如图所示。

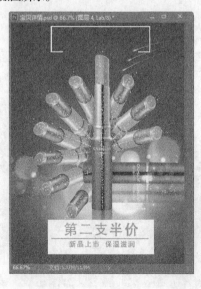

8 输入文字

使用【横排文字工具】在白色矩形中间输入文字，并调整文字属性，如图所示。

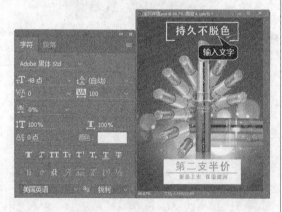

第3步：绘制图标

1 输入文字

继续使用【横排文字工具】在白色矩形下方输入文字，并调整文字属性，如图所示。

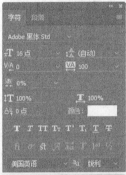

2 绘制红色圆形

新建一个图层，选择【椭圆工具】绘制一个玫红色圆形。

3 删除一半图像

复制创建的圆形图层，填充白色，然后选择【多边形套索工具】选择一半圆形后删除图像，如图所示。

4 输入文字

使用【横排文字工具】在圆形上方输入文字，并调整文字属性，最后调整图表的位置如图所示。

12.4 实例4——淘宝美工之商品广告图

本节视频教学时间：16分钟

本实例主要学习如何综合运用各种工具来制作淘宝中的商品广告图，效果如图所示。

素材\ch12\12-4.jpg　　　　　　　　结果\ch12\商品广告图.psd

下面将向读者详细介绍淘宝美工之宝贝详情图的绘制过程。

第1步：新建文件

1 单击【新建】命令

单击【文件】▶【新建】菜单命令。

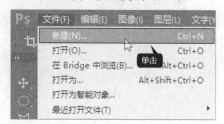

2 新建文件

在弹出的【新建】对话框中设置名称为"商品广告图"。设置宽度为950像素，高度为400像素，分辨率为72像素/英寸，颜色模式为Lab模式。

3 单击【确定】按钮

单击【确定】按钮。

4 新建图层

新建一个图层，然后使用【渐变工具】创建一个深咖啡色到浅咖啡色的线性渐变，如图所示。

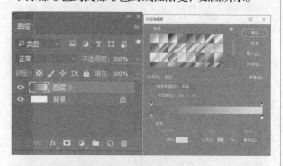

第2步：打开素材文件

1 拉出辅助线

按【Ctrl+R】组合键打开标尺，然后使用【移动工具】拉出辅助线作为排版模块，如图所示。

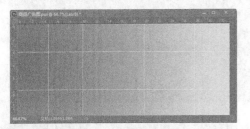

2 单击【打开】命令

单击【文件】▶【打开】菜单命令。

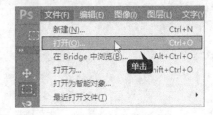

3 打开素材

打开 "素材\ch12\12-4.jpg" 文件。

4 抠出人物并拖动

使用前面讲到的抠图方法选择人物，然后使用【移动工具】将素材图像拖到新建文件中，并使用【自由变换工具】调整图像的大小和位置，如图所示。

第3步：绘制图形和输入文字

1 绘制矩形

新建一个图层，选择【矩形工具】绘制一个浅粉色矩形。

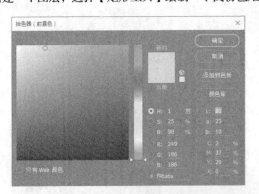

2 输入文字

使用【横排文字工具】在矩形中间输入文字，并调整文字属性，最后调整的位置如图所示。

3 输入文字

继续使用【横排文字工具】在矩形上方输入文字，并调整文字属性，最后调整的位置如图所示。

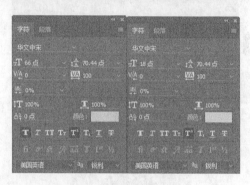

4 输入文字

继续使用【横排文字工具】在矩形下方输入文字，并调整文字属性，最后调整图表的位置如图所示。

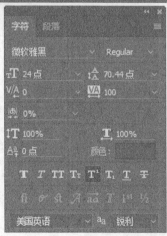

5 绘制圆角矩形

新建一个图层，选择【圆角矩形工具】绘制一个圆角矩形，如图所示。

6 输入文字

使用【横排文字工具】在圆角矩形中间输入文字，并调整文字属性，最后调整的位置如图所示。

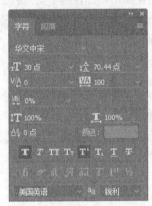

7 输入文字

继续使用【横排文字工具】在圆角矩形上方输入文字，并调整文字属性，最后调整的位置如图所示。

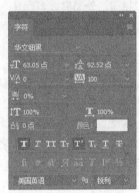

8 输入文字

继续使用【横排文字工具】在圆角矩形左方输入文字，并调整文字属性，最后调整的位置如图所示。

9 输入文字

在左上角绘制一个三角形填充浅粉色，然后使用【横排文字工具】输入文字，并调整文字属性，最后调整的位置如图所示。

高手私房菜

技巧1: 淘宝美工的定义是什么？

其实，"淘宝美工"是淘宝网店页面编辑美化工作者的统称。日常工作包括网店设计、图片处理、页面设计、美化处理、促销海报设计、商品描述详情设计、专题页设计、店铺装修以及商品上下线更换等工作内容。不难看出，他和传统的平面美工、网页美工等有很大的区别。

美工设计从业人员，是对整个店铺视觉营销设计与装修最终的执行者，整个工作流程中显得尤为重要。必须掌握相应的专业技能，才能胜任此工作。

一个网店设计的美观与否，是至关重要的，它直接影响到店铺的销量。在线下实体店铺，以及大型商场内的商铺，外部需要有门头、橱窗、活动海报等；内容部有展柜、出售的商品、模特、导购等等，网店需要展示这些内容，全靠美工设计人员在店铺装修上体现出来。

技巧2: 店铺装修常见图片尺寸

淘宝店铺不同位置的图片尺寸要求也不同，当图片过大，会自动被裁剪掉，而图片过小，则会在周围留下空白，或者系统自动平铺，这样的用户体验是极其不好的。

所以，当我们在装修店铺，设计过程中，制作不同区域的图片要根据店铺要求来确定尺寸、大小等信息。这是美工人员在动手设计之前必须要考虑到的，不然设计好的图，因尺寸不合适，造成后期调整，是非常麻烦的。